戦後再発見双書

本当は憲法より大切な

「日米地位協定入門」

前泊博盛［編著］　創元社

沖縄の普天間基地に配備されたオスプレイ（写真：須田慎太郎）

サザンウイン
日本不動産
NHG

普天間でアパートの上空を低空飛行する米軍機（写真：須田慎太郎）

普天間基地へのオスプレイの配備に合わせて、沖縄・勝連半島先端のホワイトビーチに入港した強襲揚陸艦《きょうしゅうようりくかん》「ボノム・リシャール」。２隻のホバークラフトが、後方のデッキ状の格納庫に乗りこむ演習をしている。現在、甲板《かんぱん》の左手に見えている軍用ヘリコプター CH-46のかわりに、オスプレイが搭載《とうさい》されることになる。（写真：須田慎太郎）

5

沖縄国際大学に墜落したヘリの事故処理作業を行なう米兵たち。黄色い防護服を着た人物がふたりいるのは、ヘリの回転翼の安全装置に使われていた放射性物質（ストロンチウム90）が飛散したから。このあと米軍は数日間にわたって現場を封鎖し、作業と調査を行なったあと、機体の残骸とともに汚染された土を根こそぎ持ちさり、すべての証拠を隠ぺいした。（写真：琉球新報）

7

首都東京にある米軍横田基地。周囲の人口密度は普天間と変わらない。ここもまた、「世界一危険な飛行場」だ。（写真：須田慎太郎）

米軍厚木基地で、離着陸訓練をくり返す米軍機（写真：共同通信社）

沖縄の嘉手納《かでな》基地のなかにある「バニアン・ゴルフコース」（全長6714ヤード）

1957年１月、アメリカの人権委員会は、国防総省長官に次のような勧告を行なっている。

「沖縄政府は事実上、米軍の支配下にあり、米国占領下の制度として先例を見ないものである。（略）狭い島内の〔民間人の〕土地を接収し、将校用のゴルフ・コースをつくるような場合は、それが島民の将来とどんな関係があるか、説明する必要がある」

それからすでに、半世紀以上がたっている。

（写真：須田慎太郎）

オスプレイ配備に反対する沖縄県民大会
日時：2012年9月9日（日）11時～
場所：宜野湾海浜公園

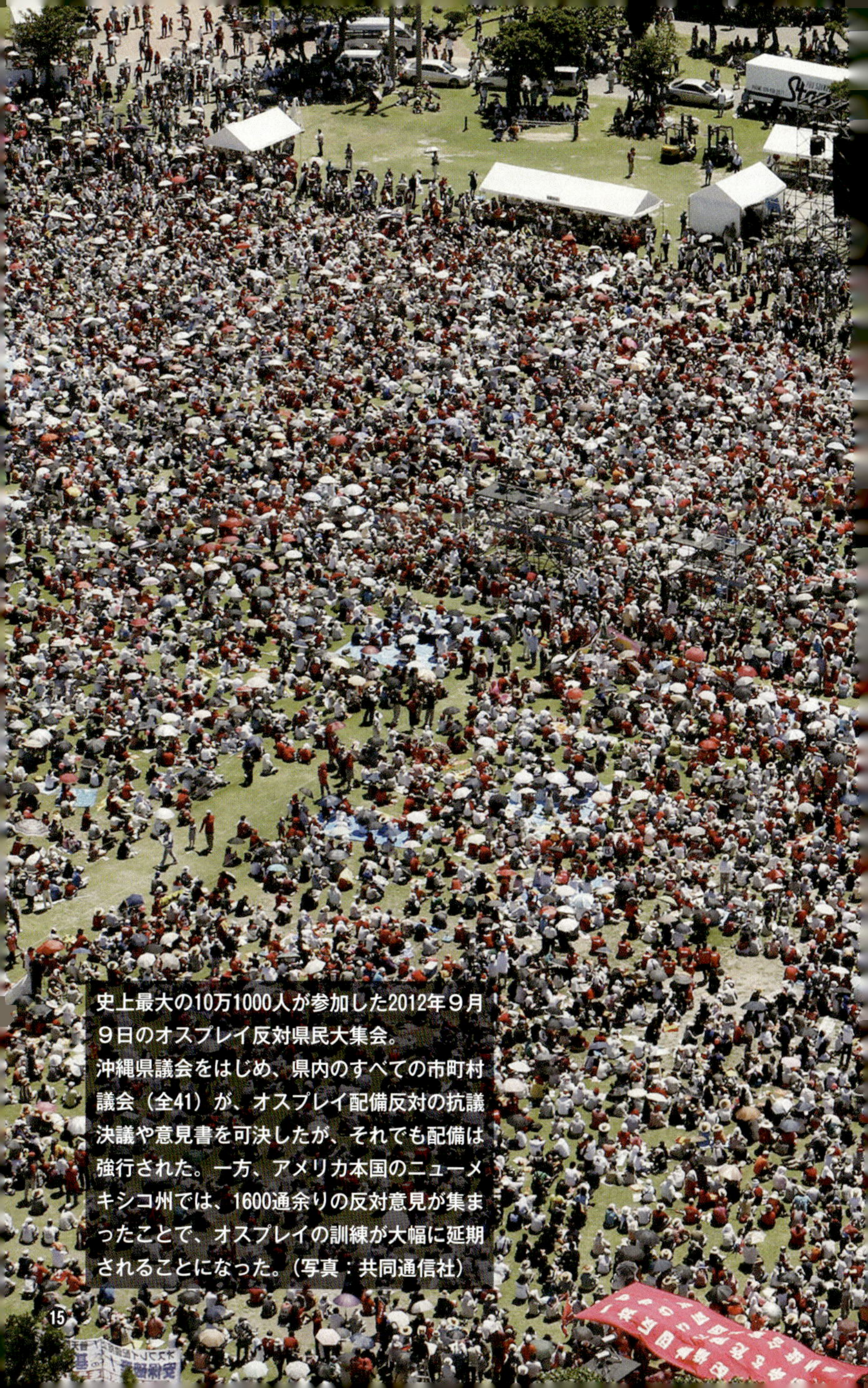

史上最大の10万1000人が参加した2012年９月９日のオスプレイ反対県民大集会。
沖縄県議会をはじめ、県内のすべての市町村議会（全41）が、オスプレイ配備反対の抗議決議や意見書を可決したが、それでも配備は強行された。一方、アメリカ本国のニューメキシコ州では、1600通余りの反対意見が集まったことで、オスプレイの訓練が大幅に延期されることになった。（写真：共同通信社）

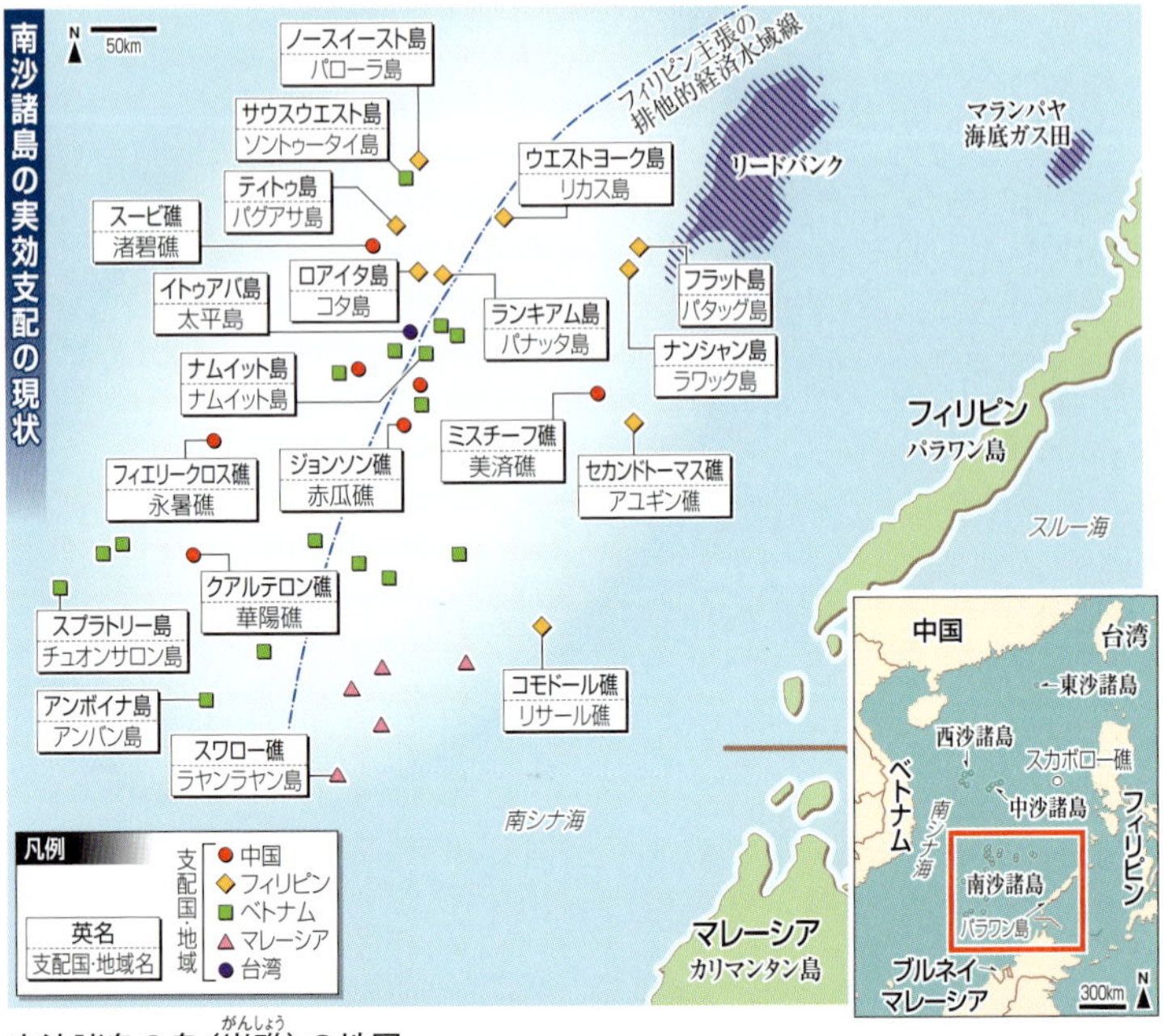

南沙諸島の島（岩礁《がんしょう》）の地図

中国が建物をたてたミスチーフ礁《しょう》（229ページ参照）
（図版と写真：共同通信社）

はじめに

きっとみなさんも、よくわかっているのだと思います。
この数年、日本には大きな出来事が次々と起こりました。民主党政権の誕生と消滅、普天間基地の「移設」問題、東日本大震災、福島原発事故と原発再稼働問題、検察の調書ねつ造事件、尖閣《せんかく》問題、オスプレイの強行配備、TPP参加問題、憲法改正問題……。

そうしたなか、これまで、

「ひょっとして、そうなんじゃないか」
「でも信じたくない」

と思ってきたことが、ついに現実として目の前につきつけられてしまった。いくら否定しようとしても、否定しきれなくなってしまった。いま、そんな思いがしています。

私は沖縄の宮古島《みやこじま》で生まれ、沖縄本島の那覇市で育ちました。大学は東京に行きましたが、卒業後はまた沖縄にもどり、琉球新報《りゅうきゅうしんぽう》という新聞社で二七年間、記者をやっていました。

二〇一一年からは沖縄国際大学という、米軍のヘリが落ちたことですっかり有名になってしまった大学に移りましたが、いまでも物ごとの見方や情報のとり方、生きるうえでの基本的な姿勢は、新聞記者時代とほとんど変わりません。

沖縄で新聞記者として生きるということは、多かれ少なかれ、つねに日米安保や米軍基地のことを意識して生きるということです。そうした日々のなか、本書を読んでいただければわかるように、私自身、米軍基地問題に関してはかなり過激な取材や報道をして、ギリギリのところまで肉薄してきたつもりです。

でも、二七年かかってどうしても答の出なかった問題、このあまりにもムチャクチャな沖縄の現状の根源は、いったいなんなんだという問題に、最近、専門外の人たちから、こんな言葉をストレートにかけられるようになったのです。

「宗主国と植民地」

これは『犠牲のシステム　福島・沖縄』（集英社）を書いた東大教授の高橋哲哉さんの言葉で

す。高橋さんはこの本のなかで、日米両政府を「宗主国」、沖縄を「植民地」と位置づけています。

高橋さんの専門は、政治でも国際関係でもない、哲学です。基地問題も米軍問題も専門ではありません。そうした外部の冷静でフレッシュな目には、はっきりそう見えるということです。

「あーあ、ついに言われてしまった」

失望と同時に脱力するような思い。

たしかにこれまで私が新聞社の仲間といっしょに積み重ねてきた、膨大な事件取材やインタビュー、そこから論理的に考え、見直してみると、そう言わざるをえないのです。

しかしこれまで自分から、そこまではっきりと言うことはできなかった。ひょっとしたらそうじゃないか、そうじゃないかと思いながら、最後の最後はちがうと思いたかった。それはやはり、そのことを肯定してしまったあとに広がる世界が怖かったからなのでしょう。

最近では、学者でもジャーナリストでもない一般の人からも、

「結局、日本はアメリカの属国なんでしょう」

「海兵隊も、日本のほうが出て行かないでくれって頼んでるんでしょう」

などと言われるようになりました。

「そんな簡単な話じゃないんだ」

「ネットでちょっと読んだだけで、なに適当なことを言ってるんだ」

そう、言い返したい気持ちがあります。この問題に関しては、二七年間、最前線で体をはって取材してきたという自負があるからです。

しかし、そうした新聞記者としての体験をもとに、昨年からは研究者としての視点を加えて客観的に考察してみても、それはまぎれもない事実だと認めざるをえないのです。なぜなら本書を読むとわかるように、日米両国の「属国・宗主国関係」とは、たんなる外交上の圧力や力関係から生まれたものではなく、きちんとした文書にもとづく法的なとり決めだからです。

その法的なとり決めの中心こそ、本書のテーマである「日米地位協定」です。

「戦後日本」という国家の根幹をなすもっとも重要な法律（法的とり決め）は、残念ながら日本国憲法でもなければ、日米安保条約でもありません。サンフランシスコ講和条約でもない。

日米地位協定なのです。

私はこれまで沖縄の基地問題について、何冊も本を書いてきました。そのときいつも胸にいだいていたのは、

「はたして沖縄は日本なのか」

という思いです。こういうと本土のみなさんは、少しうんざりされるかもしれません。戦後約七〇年にわたって、つねに沖縄から本土に対して訴えてきたのは、沖縄の住民の人権が米軍によっていかに侵害されているか、それをなんとか他の日本国民にも知ってほしいという強い思いだったからです。

しかし、よく考えてみてください。法律というのは日本全国同じです。日米地位協定も日米安保条約も、すべて国と国のあいだで結ばれたものです。一九七二年の沖縄の本土復帰（施政権の日本への返還）以降、米軍が沖縄でできて、本土でできないことはなにもありません。そのことは昨年（二〇一二年）七月、オスプレイ（ＭＶ22）という新型軍用機の日本への配備が決まる過程で、だれの目にもあきらかになりました。

この「未亡人製造機《ウィドウメーカー》」と呼ばれるほど危険な一二機の軍用機は、沖縄の普天間基地に配備されたものですが、その前にまず山口県の岩国基地に運ばれ、普天間基地に配備されたあとも、沖縄と本土の上空で平均一五〇メートルの超低空飛行訓練を実施することがあきらかになったのです。

ここでみなさんに注目してほしいのが、「平均一五〇メートル（五〇〇フィート）」で超低空飛行訓練をするという、米軍発表の内容です。なにかおかしくないですか？

そう。普通、飛行機はもっと上空を飛んでいますよね。それが超低空飛行をするから問題になっているのに、なぜ「平均」の高度で発表されているのでしょう。そもそもいつからいつまでの平均なのでしょう。よく考えると、一番問題なのは安全性なのですから、規制されるべきなのは「最低高度」のはずです。なのにそれをなぜ「平均一五〇メートル」での飛行訓練と書くかといえば、

①日本の航空法令で決められた最低安全高度（人口密集地以外）が一五〇メートルだから
（⇩121ページ）

②「平均」というのはそれ以下の高度で飛ぶことがあるから

なのです。事実、海兵隊の訓練マニュアル（「MV22B訓練／即応マニュアル」二〇一〇年三月）によると、オスプレイには最低高度六〇メートルでの訓練が求められています。

絶対におかしいですよね。車におきかえてみると、

「米軍の車両に関しては、高速道路の時速制限は『平均一〇〇キロ』とする」

と言っているのと同じことなのです。つまり日本の法律を守るつもりは、初めからないということです。どうしてこんなことが許されるのでしょう。

これまでこういう問題は、たいてい沖縄だけの問題として考えられてきました。戦争に負けた結果、沖縄をとられたんだから、返してもらっただけでありがたいじゃないか。少しくらい米軍基地の問題が残ったって、沖縄ががまんするしかない……。こう考える人が多かったような気がします。

でもちがうのです。非常に危険な軍用機オスプレイは、沖縄だけでなく、本土の六つのルートで超低空飛行訓練をすると、すでに新聞でも報じられています。その訓練ルートの下にある県や町は、全国で二一県一三八市町村にのぼります。すでにのべたとおり、最低高度は六〇メートルですから、飛行訓練ルートにあたる町の住民の方々は、心配でしかたがないでしょう。

しかも、問題はオスプレイだけではありません。本土にあるこうした飛行ルートは、みなさ

んがご存じないだけで、昔から米軍機の低空飛行訓練ルートとして、ずっと使われてきたのです。（⇩117ページ）

さらに新聞が報じていないことがあります。公式にはそうやって飛行ルートが設定され、その下に住む人たちだけが心配しているようですが、米軍の軍用機は「基地間移動《きちかんいどう》（基地と基地のあいだの移動）」という名目で、事実上、日本のどの地域の上空も飛ぶことができるのです。しかもオスプレイの最低高度は「平均一五〇メートル」、つまりどれだけ低空を飛んでもいいということです。これほど理不尽な話があるでしょうか。

それだけではありません。現役の日本国首相の発言によって、さらに理不尽な話があきらかになりました。

それは、もしも日本政府をふくむ日本人全員がオスプレイの配備に反対したとしても、安保条約が存続しているかぎり、アメリカは「接受国通報《せつじゅこくつうほう》」（ホストネーション・ノーティフィケーション＝米軍基地の受け入れ国への通達）という名の通達を一本出せば、日本全土の上空で、アメリカ国内では絶対にできない危険な超低空飛行訓練を行なう権利があるという事実です。いくら住民の危険が予想されても、日本政府にそれを拒否する権利はないのです。

二〇一二年七月一六日、民放のＴＶ番組に出演した野田首相（当時）は、

「〔オスプレイの〕配備自体はアメリカ政府の基本方針で、同盟関係にあるとはいえ、〔日本側から〕どうしろ、こうしろという話ではない」

とのべました。

アメリカ西部ニューメキシコ州にあるキャノン空軍基地では、オスプレイなどの夜間・低空飛行訓練について、住民のあいだで反対運動が起きたことから訓練の開始を少なくとも翌年以降に遅らせる事態となりました。またハワイでも、予定されていた訓練が、「空港周辺の歴史的遺産〔カメハメハ大王の生誕地〕にあたえる影響や、騒音に関する住民の意見など」を考慮して、事実上、無期延期になったことがわかっています。ところがアメリカにとって他国のはずの日本では、いくら住民が反対運動をしても、

「米軍にどうしろ、こうしろとは言えない」

ということを首相が公式に認めてしまったのです。

この言葉を聞いて、心ある日本の人たちはみな激怒しましたが、もっとひどい事実があるのです。それは、

「実は法的には、野田首相の言っていることが正しい」

という衝撃の事実です。旧自民党政権時代なら、おそらく実態が国民にばれないよう、「これは、けしからんことだ」とか、「アメリカに厳重に抗議する」などと言って政治的な演技をしたと思います。しかしそうした政治的経験のまったくない野田首相は、驚くほど率直に真実を話してしまったのです。そうなのです。いくら危険でも、これまで出された最高裁の判例によれば、日本国民にオスプレイの超低空飛行訓練の中止を求める権利はまったくないのです。

さらにみなさん、驚かないでください。

くわしくはこのあと本文のなかでふれますが、もしも本土を飛ぶオスプレイが東京大学の安田講堂に激突し、墜落・爆発事故が起きて機体の破片が広範囲に飛び散ったとき、米軍は東大の敷地内を封鎖し、警視総監の立ち入りを拒否する法的な権利をもっているのです。信じられないかもしれませんが、すでに日米で合意文書（⇩112ページ）も作られた、まぎれもない事実です。

つまり米軍基地に関して、本土には沖縄となにも変わらない現実があるのです。

この本を読んだみなさんは、おそらく、

「沖縄は日本なのか」
「沖縄はまだ米軍の占領下にあるんじゃないか」

という思いは共有してもらえると思います。それはだれの目にもあきらかな現実だからです。
でも、そこからもう一歩踏みだして、

「では、日本は独立した主権国家なのか」
「もしかしたら、日本全体がまだアメリカの占領下にあるんじゃないか」

という問題に向きあってもらえればと思います。米軍基地やオスプレイの問題だけではありません。冒頭でのべた原発事故やその再稼働問題、ＴＰＰ参加問題、検察の調書ねつ造事件など、多くの問題を生みだす構造的原因が、そこには隠されているからです。

前《まえ》泊《どまり》博《ひろ》盛《もり》

本当は憲法より大切な「日米地位協定入門」　目次

凡例

引用文および法律の条文内の言葉を左記のとおり置きかえました。

- 「施設および区域」「施設または区域」「施設もしくは区域」「施設・区域」　↓　「基地」（註：この場合の「基地」は、演習場他をふくむ概念と定義します）
- 「日本国とアメリカ合衆国との間の安全保障条約」　↓　「旧安保条約」
- 「日本国とアメリカ合衆国との間の相互協力および安全保障条約」　↓　「日米安保条約」
- 「日本国とアメリカ合衆国との間の安全保障条約第三条にもとづく行政協定」　↓　「日米行政協定」
- 「日本国とアメリカ合衆国との間の相互協力および安全保障条約第六条にもとづく施設および区域並びに日本国における合衆国軍隊の地位に関する協定」　↓　「日米地位協定」

引用中の〔　〕内は編集部が補った言葉、傍点、太字、脚注も編集部がつけたものです。

その他、条文内の漢字を、一部、カナに変えて表記しています。

PART 1

日米地位協定Q&A
（全17問）

前泊博盛 他

各項目を次の執筆者が分担しました
（前）→前泊　（明）→明田川　（石）→石山　（矢）→矢部

Q&A ①

日米地位協定って何ですか？

ひとことでいえば、

「〈戦後日本〉のパンドラの箱」

です。「はじめに」にも書いたとおり、現在日本で起きているさまざまな深刻な出来事、

○原発事故と再稼働問題
○不況下での大増税問題
○オスプレイ配備問題
○ＴＰＰ参加問題
○検察の調書ねつ造問題

などの多くが、この日米地位協定を源流としているからです。ただし、パンドラの箱と同じく、わずかですが私たちには「希望」も残されています。これからこの本のなかで、そのことを説明していきたいと思います。

でも、

「パンドラの箱」

と聞いて、

「そんな抽象的な言い方じゃなく、もっと具体的に説明してくれ」

と思われた方もいらっしゃるかもしれません。

わかりました。それでは抽象的じゃない、もっとはっきりした言い方で日米地位協定を定義すると、こうなります。


「アメリカが占領期と同じように日本に軍隊を**配備し続ける**ためのとり決め」


みなさんよくご存じのとおり、一九四五年の敗戦から約六年半、日本は占領されており、占領軍（その実態は米軍）は日本国内で好きなように行動することができました。一九五二年四月に講和条約が発効し、日本は独立をはたしましたが、占領軍は新たに結ばれた日米安保条約のもと、在日米軍と名前を変え、日本に駐留しつづけることになりました。

その在日米軍が独立から六〇年たった今日でもなお、占領期とまったく変わらず行動するためのとり決め、それが「日米地位協定」（U.S.-Japan Status of Forces Agreement = SOFA）なのです(「地位」というのは「在日米軍の法的地位」ということですので、本当は「米軍地位協定」と呼ぶべきでしょう。正式名称は14ページ参照）。

もちろんそれはアメリカ側が一方的に押しつけたものではありません。いくらアメリカでも、そんなことはできません。このあと本書をお読みになればわかるとおり、それはさまざまな歴史的経緯の結果、日米の合意のもとにとり決められたものなのです。

もっと露骨にいうと、こう言えるかもしれません。

「日本における、**米軍の強大な権益**についてのとり決め」

ここで「米軍の強大な権益」などという、少し大げさな、耳慣れない言葉を使ったのには理由があります。一般に日米地位協定は、一九六〇年に日本とアメリカという主権国家どうしが結んだ安全保障条約（日米安保条約）の細則《さいそく》（＝細かな規則）だと考えられています。

しかしこれから本書を読んでいただければわかるとおり、そうではないのです。日米地位協定の本質は、そうした主権国家どうしが結んだ対等な条約の細則という側面にはなく、一九四五年、太平洋戦争の勝利によって米軍が日本国内に獲得した巨大な権益が、戦後七〇年たったいまでも維持されているという点にあるのです。

こういうと、「またなにを大げさなことを言ってるんだ」と思われるかもしれません。しかし、よく聞いてください。

日米地位協定は、一九五二年に旧安保条約と同時に発効した「日米行政協定」を前身としています。その日米行政協定を結ぶにあたってアメリカ側がもっとも重視した目的が、

①　日本の全土基地化

②　在日米軍基地の自由使用

だったことが、豊下楢彦《とよしたならひこ》・関西学院大学教授や、三浦陽一・中部大学教授の精緻《せいち》な研究によってあきらかになっています。

日本の全土基地化とは、日本国内のどの場所でも米軍基地にできるということ。言いかえれば、日本全土を米軍にとっての「潜在的基地《ポテンシャル・ベース》」にするということです。

一方、在日米軍基地の自由使用とは、占領期と同じように、日本の法律に拘束されず自由に

日本国内の基地を使用できることを意味します。日米安保条約におけるアメリカ側の交渉担当者だったジョン・フォスター・**ダレス**（当時、国務省顧問）の有名なセリフを借りれば、日本の独立（占領終結）に際してアメリカ側が最大の目的としたのは、

「われわれが望む数の兵力を、〔日本国内の〕望む場所に、望む期間だけ駐留させる権利を確保すること」（⇩48ページ）

だったのです。

そしてアメリカの政治学者マイケル・シャラーの研究によって、一九五一年一月末に始まった占領終結に向けての交渉のなかで、アメリカ側代表は二月中旬までにこの条件を日本側に認めさせたことがわかっています。このとき、日本国民には絶対に知られたくない基地や米軍についての具体的なとり決めは、「秘密の了解（a private understanding）」として合意することも決められました（⇩60ページ）。それこそが「日米地位協定」の前身である「日米行政協定」だったのです。

その「日米行政協定」と現在の「日米地位協定」は、本質的にはなにも変わっていないのです。一見、条文上は改定時に米軍側が譲歩したようにみえますが、重要な権利については付属文書や非公開の密約という形できちんと担保されているからです。（⇩166ページ）

ウラとオモテのストーリー

物ごとにはなんでも、ウラとオモテがあります。とくに外交や国際政治の世界はそうでしょう。しかしこの日米安保条約と日米地位協定をめぐる物語ほど、オモテ側（建前）のストーリーとウラ側（真実）のストーリーが乖離《かいり》した問題はありません。しかもそれが旧安保条約から数えてもう六〇年もつづいているのですから、まさにギネス級の粉飾だといってよいでしょう。

オモテ側（建前）のストーリーでは、こうなっています。

第二次世界大戦で無残に敗北した日本は、その深刻な反省から、新しく平和憲法を作って戦争を放棄することにした。そのため自分たちでは国を守れなくなったので、一九五二年に国際社会に復帰するにあたり、アメリカと安全保障条約（旧安保条約）を結んで米軍に守ってもらうことにした。具体的には、旧安保条約によって米軍の日本への駐留を認め、その駐留の形については日米行政協定で定めることにした。

ところが一九五二年に発効した旧安保条約には日本に不利な面があったので、一九六〇年に新たに新安保条約を結びなおした。条約の細則である日米行政協定も、より平等な形の日米地位協定として新たに合意した。

この一九六〇年に結ばれた新安保条約の第六条（⇩383ページ）にもとづき、現在、日本に駐留する在日米軍は、日本国内の基地や海域、空域を使用する権利を認められています。また米兵や米軍関係者、その家族にも、日本の国内法を逸脱した大きな特権が認められていることになっています。

しかしその実態をわかりやすくいえば、**日本における米軍と米兵は、かつての占領期と同じく、日本の法律に拘束されず自由に行動することができる**ということなのです。

なぜ戦後七〇年たっても、米軍はまだ日本にいるのか

先にもお話ししたとおり、日本は一九四五年、第二次世界大戦で敗北し、アメリカ軍によって占領されました。八月三〇日にコーンパイプをくわえて厚木基地に降りたったマッカーサーの写真は、若い読者の方でも一度は目にしたことがあるはずです。彼の正式な肩書は連合国最高司令官となっていましたが、実態はほとんどアメリカ軍による単独占領でした。

首都圏をはじめとする各地に、巨大な米軍基地がつくられ、数十万人の米兵が常駐し、GH

Q（連合国総司令部）によって戦前の政治・経済体制が大幅な変更を強いられました。日本の軍隊は解体され、兵力・軍事力の保持は禁止され、交戦権も剝奪《はくだつ》されました。財閥の解体、農地の解放、戦犯政治家の断罪など、占領軍による国家改造の嵐が吹き荒れたのです。

その後、**敗戦から六年八カ月たった一九五二年四月、前年九月に調印したサンフランシスコ講和条約が発効し、日本は独立を回復します。しかしこのとき国民の目から見えないところで、とんでもないトリックがしかけられていたのです。**

占領が終わり、講和条約が結ばれると、通常、占領軍は撤退していきます。講和条約（＝平和条約）とは戦争を正式に終了し、平和が回復されたことを宣言するための条約だからです。もちろんサンフランシスコ講和条約にも、第二次大戦の末期（一九四五年七月）に日本に降伏を求めたポツダム宣言にも、そのことは明記されていました（以下、条文については太字部分だけを読んでも意味がわかるようにしてあります）。

「サンフランシスコ講和条約　第六条（a）　前半

連合国の**すべての占領軍は**、**この条約の効力発生の後**、なるべくすみやかに、かつ、**いかなる場合にもその後九〇日以内に**、**日本国から撤退しなければならない**（後略）」

「ポツダム宣言　第一二項
以上に列挙した**占領の目的が達成され、**さらに**日本国国民の自由に表明された意思にしたがって、平和的な傾向をもつ責任ある政府が樹立されたときは、**連合国の**占領軍はただちに日本国より撤退する**」

このように、占領が終われば占領軍が撤退するのは常識中の常識です。もし占領終了後に条約や協定を結んで外国軍が駐留するにしても、一度完全に撤退してから、新たに条約や協定を結ぶのが当然です。

ところが日本の場合、占領終結時に占領軍（＝米軍）の基地だったところは、すべてそのまま基地として残されることになりました。ＧＨＱは解散しましたが、二六万人（一九五二年四月）の米兵もそのまま駐留をつづけました。ただ名前だけが、占領軍は「在日米軍」に、占領軍の基地は「在日米軍基地」と変わっただけ。基地の使い方も、米軍兵士や基地で働く人たちの権利もそのままでした。

いったいなぜ、そんなことが起こったのでしょうか。

それはさきほど紹介した「すべての占領軍は、講和条約発効後はいかなる場合も九〇日以内に日本から撤退しなければならない」とした「サンフランシスコ講和条約　第六条（a）」の後半に、こう書かれていたからです。

「サンフランシスコ講和条約　第六条（a）　後半
（前略）**ただしこの規定は、一または二以上の連合国を一方とし、日本国を他方として双方の間に締結された**もしくは締結される二国間もしくは多数国間の**協定にもとづく、**またはその結果としての**外国軍隊の日本国**の領域**における駐とん**または駐留**を妨げるものではない。**」

このあと何度も出てくる「一または二以上の連合国」というのは、たいていアメリカのことです。日本占領の実態は米軍による単独占領でしたが、公的には連合国軍による占領という形をとって行なわれました。そのため日本国内には米軍以外にも、数は多くないものの、イギリス軍やオーストラリア軍、ニュージーランド軍などが駐留していました。そうした**各国の軍隊は、占領終結後はいかなる場合でも九〇日以内に撤退しなければならない。でもアメリカは別ね、とこう言っているわけです。**

米軍は、日本国内のどんな場所でも基地にする権利がある

それだけでも相当ひどい話ですが、さらにもうひとつ大問題だったのが、すでにふれた「全土基地方式（全土基地化）」です。**これは日本国内のどんな場所でも、もし米軍が必要だと言えば、米軍基地にすることができるという取り決めです。**

これはまったくおかしな話で、完全な属国か植民地以外、そのような条約が結ばれることはありえません。どんな国と国との条約でも、協定を結んで他国に軍隊が駐留するときは、場所や基地の名をはっきりと明記するのが当然です。当たり前ですよね。建物や土地を貸したり借りたりするときに、範囲を決めないなんてことはありえないでしょう。

もちろんアメリカも、日本以外の国と結んだ協定ではそうしています。イギリスと結んだ協定でも、フィリピンや韓国と結んだ協定でも、米軍が使用できる基地は具体的に付属文書のなかに明記されているのです。

ところが日本の場合だけは、それが明記（＝限定）されておらず、米軍がどうしても必要だと主張したとき、日本側に拒否する権利はありません。その法的根拠となっているのが、講和条約と同じ一九五二年四月に発効した旧安保条約と日米行政協定（のちの日米地位協定）なの

です。

くわしい経緯はこのあとのべますが、この旧安保条約と、その第三条にもとづいて結ばれた日米行政協定によって、

「看板だけは掛けかえられたが、実質的には軍事占領状態が継続した」

というのが一九五二年の日本独立の正体です。その後、現在にいたるまで、国内に駐留する米軍については、実は日本政府には、なんの権限も拒否権もあたえられていないのです。だから本書の「はじめに」でふれたように、オスプレイについて日本側からは何も言えないと明言した野田首相は、「王様は裸だ！」と叫んだ少年と同じ、真実を語っていたのです。

驚きましたか？

でも、驚いたり、怒ったり、反発を感じる一方で、

「なんだ、そういうことだったのか」

と、長年の謎が解けた思いがする読者の方も多いのではないでしょうか。

よく考えると現在の日本には、おかしなことが多すぎるからです。

二〇〇九年九月、圧倒的な国民の支持で誕生した鳩山政権は、市街地の中心にある非常に危険な普天間基地を「県外または国外」に移転させるといっただけで、七カ月後、辞任に追いこまれてしまいました。外務省、防衛省を中心に、政治家、官僚、大手メディア、学者、評論家など、だれひとり鳩山首相を助けようとせず、むしろ攻撃にまわりました。そして二〇一〇年六月、鳩山首相が辞任に追いこまれたとき、一番責任があるはずの関係閣僚(岡田克也外務大臣、北澤俊美防衛大臣、前原誠司沖縄・北方担当大臣)は、みな責任を問われず、そのまま留任したのです。

おかしいと思いませんか。なぜ一国の首相が、あきらかに危険で違法な外国軍の基地ひとつ動かすことができないのでしょう? 首相が強い意志をもってとりくんだ最優先課題なのに、関係閣僚はだれも協力せず、その協力しなかった閣僚たちが、なぜ首相が辞任したあともやめずに居座ることができたのでしょう?

さらに鳩山首相が辞任したあと、あいついで首相の座についた菅直人、野田佳彦というふたりの政治家は、不思議なことになぜかわざと党を分裂させ、国民の支持と信頼を失うような政策ばかりを選択しつづけます。その結果、二〇〇九年に有権者の大きな期待を背負って政権交代をなしとげた民主党は、鳩山首相の辞任後、わずか二年半で議席を五分の一に激減させてしまったのです。なぜこのような理屈に合わない現象が起こってしまうのでしょうか。

二〇一二年一〇月、その問題の普天間基地、わずか八年前には米軍ヘリの墜落事故も起きた普天間基地に、米軍はもっと危険な特殊軍用機オスプレイ（MV22）を一二機配備しました。

なぜ、わずか八年前に墜落事故が起き、だれがみても住民が危険にさらされている普天間基地に、もっと危険な軍用機を配備することが可能なのでしょう？

なぜ、アメリカ政府は主権国家である日本に対して、「接受国通報《ホストネーション・ノーティフィケーション》（米軍基地の受け入れ国への通達）」という通達を一方的に出しただけで、そんなことができるのでしょう？

そもそもなぜ、日本政府はそれを拒否することができないのでしょう？

その謎を解くには、日米地位協定とその前身である日米行政協定について、歴史をさかのぼって、よく知っておく必要があります。

一九五二年に旧安保条約と日米行政協定が発効してから、すでに六〇年以上の時がたちました。その間、新安保条約が結ばれ、日米行政協定は日米地位協定と名前を変えましたが、状況はなにも変わっていません。いまでも東京をはじめとする三〇の都道府県には、米軍が駐留し、事実上の治外法権《ちがいほうけん》（日本の法律にしたがわなくてもよい権利）をあたえられているのです。

沖縄国際大学への米軍ヘリ墜落事件

ここで日米地位協定を語るうえでもっとも有名な、沖縄国際大学への米軍ヘリ墜落事件について説明しておきましょう。「はじめに」にも書きましたが、一昨年から私〔前泊《まえどまり》〕は、普天間基地に隣接するこの大学で沖縄経済論や地域経済学を教えています。

二〇〇四年八月一三日午後二時一七分、その沖縄国際大学の本館ビルに、米軍のCH53D大型ヘリが墜落し、爆発炎上しました。ヘリは墜落直前から壊れ始めており、墜落現場の沖縄国際大学とその周辺の商業ビルや民家には五〇カ所以上にわたり、多数の部品が飛散しました。猛スピードで飛び散ったヘリの部品は、バイクをなぎ倒し、中古車ショップの車を破壊し、民家の水タンクに穴を開け、マンションのガラスを破り、乳児が眠る寝室のふすまに突き刺さりました。大事故にもかかわらず怪我人がでなかったのは、「奇跡中の奇跡」と、だれもが口をそろえてくり返すほどの大事故でした。

さらに人びとに大きなショックをあたえたのは、事故直後、隣接する米軍普天間基地から数十人の米兵たちが基地のフェンスを乗り越え、事故現場の沖縄国際大学構内になだれこんだことです。彼らは事故現場を封鎖し、そこから日本人を排除しました。

沖縄県のテレビや新聞は「米兵が事故現場を制圧」という言葉で報道しましたが、まさにそのとおりの状況でした。米兵たちは捜査にあたる沖縄県警の警察官を墜落現場に入れず、マスコミの取材活動も威圧して排除しようとしました。現場を撮影したテレビ局の取材ビデオさえ、力づくでとりあげようとしたのです。

琉球朝日放送の撮影したビデオがなんとか没収をまぬがれたのは、近くにいた市民や学生が協力してテレビ局のカメラマンを逃がしたからでした。

この映像を見ると、どんな日本人でも怒りにふるえることはまちがいありません。自分たちが事故を起こしておきながら、現地の警察を排除し、取材する記者から力づくでビデオをとりあげようとする米兵たち。私たちが普段、テレビドラマや映画のなかだけでしか見たことのない、植民地同然の風景がそこに展開されているからです。

この事故は、住宅密集地にある普天間基地の危険性を、まざまざと見せつけるものでした。同時に、一般の民間地、しかも大学構内の事故現場が米軍によって封鎖され、日本の警察も市長も立ち入れないという、まさに植民地同然の事故処理が行なわれたことで、人びとに大きなショックをあたえました。さすがにその後の国会審議もふくめて、このときは日米地位協定の問題点が大きくクローズアップされています。

沖縄国際大学に墜落した米軍ヘリの機体と米兵たち。沖縄在住の写真家・石川真生《まお》さんが撮影した貴重な１枚。米軍はこのとき現場の撮影を徹底的に妨害した。（写真：石川真生）

この事件が証明したように、沖縄の米軍と米軍基地は、日本国内にありながら一種の「治外《ちがい》法権《ほうけん》」をあたえられています。なぜこうした信じられないような行動が許されるのか。米軍ヘリが墜落して日本の私有地で事故が起きているのに、なぜ日本側の捜査権が制限されてしまうのか。

くわしくは、Q&A④（⇩89ページ）でふれますが、それは一九五三年に結ばれた「事実上の密約」を受けつぐ形で、一九六〇年に日米地位協定が結ばれたときに日本とアメリカの全権委員が次のような合意をしているからなのです。

「日本国の当局は、（略）合衆国軍隊〔米軍〕の財産について、捜索、差し押さえ、または検証を行なう権利を行使しない」（「日米地位協定についての合意議事録」一九六〇年一月一九日、ワシントン）

ですから墜落した機体の破片も「米軍の財産だ」と言われてしまうと、それ以上強く出ることができないのです。

さらに、日米地位協定といえばいつも問題になるのが、米兵が犯罪をおかしても逮捕されない「地位協定第一七条の問題」ですが、それについてはこのあとQ&A⑧（⇩141ページ）でくわしくふれることにします。

米軍関係者にとって「日本の国境」は存在しない

最後にもうひとつ、在日米軍と基地の問題に関して急いでふれておきたいことがあります。本土の政治家、官僚やジャーナリストがほとんど知らないことですが、**そもそも日本政府はいま、自国の国内にどんなアメリカ人が何人いるのか、まったくわかっていないという驚くべき事実があるのです**。というのも米軍には、「基地内ではすべて好き勝手にできる権利」（＝基地の排他的管理権）と、米軍関係者の「出入国自由の特権」（＝出入国管理法の適用除外）が認められているからです（巻末「資料編」の「日米地位協定」第三条と第九条を参照）。

どんな国の外交官も、出入国のとき、一般とは別の出入口ではあるものの、ちゃんとパスポートを提示して出入国審査を受けますよね。当然です。

ところが米軍関係者はそうした手続きをいっさい行なわずに、基地に到着したり、基地から飛び立ったりしているのです。つまり基地の敷地内は実質的にアメリカ国内としてあつかわれているわけですが、そこからフェンスの外に出るとき、出入国審査はもちろんありませんので、日本政府はいま日本国内にどういうアメリカ人が何人いるかについて、まったくわかっていないのです。

よく本土では評論家たちが、日本にはスパイ防止法がなくて問題だなどと議論していますが、おそらくこうした事情についてはなにも知らないで議論しているのでしょう。

いくら優秀なＣＩＡの局員だって、どんな国へ行くのも身分を偽ったり、ある種の変装をして行くはずです。ところが日本だけは、軍用機で行けば服を着替える必要もないのです。普通のスーツで軍用機に乗って、なんのチェックも受けずに日本の米軍基地に到着し、そのままフェンスの外に出ればいいのですから。

世間ではよく、

「ほかの国では失敗ばかりしているＣＩＡが、日本でだけは大成功しているなどというのは陰謀論だ」

という人がいますが、**日本ではまったくチェックを受けずに、何人でも自由に入国できるのですから、活動が成功しないほうがおかしいでしょう。**

ちなみにそうした状態の根拠となっているのは、次の条項です。

「日米地位協定　第九条2項

合衆国軍隊〔米軍〕の構成員は、旅券〔パスポート〕および査証〔ビザ〕に関する日本国の法令の適用から除外される。合衆国軍隊の構成員および軍属ならびにそれらの**家族は、外国人**

の登録および管理に関する日本国の法令の適用から除外される」

この条文中に二度使われている「法令の適用から除外される」というフレーズをよくおぼえておいてください。このあと何度も出てくる、非常に重要なキーワードです。

架空の数字にもとづく議論

鳩山政権時代の普天間基地「移設問題」についても、よく東京で専門家たちが一万何千人いる海兵隊のうち、何千人がグアムへ行ってとか、細かい話をしていましたね。でもあれは、われわれ沖縄の人間からすると、ほとんど意味のない数字なんです。というのもあれは「定数」といって、アメリカ側が希望する「配備したい兵員」の数字で、実際にいま沖縄や日本全体に米兵が何人いるかという数字ではないからです。さきほどのべたように、いま沖縄や日本にいるアメリカ人の数についてはだれも知りません。チェックする方法がないんですから、わかるはずないのです。沖縄県の基地対策課が出している数字も、沖縄に駐留している米軍から聞きとり調査をしただけの数字です。

たとえば二〇〇六年に普天間基地から海兵隊を減らすという話のなかで、八千人削減するという数字が出てきた。ぼくは当時、アメリカの沖縄総領事だったケビン・メア氏に聞いたんです。

「じゃあ、いま沖縄に海兵隊員は何人いるの？」

そうしたら、

「いまは二万四千人です。そこから八千人減らして一万六千人になります」

と彼は答えてくれました。ぼくのような、その時点で二〇年以上基地の取材をしている人間でも、いま現在、沖縄に海兵隊員が何人いるかなんて知らないわけです。それで、「ああ、そうか。でもちょっと多いような気もするな」と思っていた。

一般のみなさんは信じられないかもしれないけれど、そんな状態なんです。事実、二〇〇九年には北澤防衛大臣でさえ、国会で聞かれたときに、

「〔米軍の数は〕何人いるかは、ただちには答えられない」

と言っていました。

米海兵隊のキャンプ・シュワブ（普天間基地の「移設」先となっている辺野古《へのこ》にある米軍基地です）の基地司令官に、

「諸説あるけど、いったい沖縄には何人の海兵隊員が駐留しているのですか」

とたずねたところ、なんと、

「イラクやアフガンに派兵しているので、現在の実数は四～五千人です」

と彼は答えました。その時点で沖縄には海兵隊員が四～五千人しかいなかった。それなのに、米軍再編合意では「沖縄の基地負担軽減のために八千人をグアムに移転する」ことになっています。いったいどうやって五千人から八千人を移転させることができるのでしょうか。

おかしいでしょう。そもそもどの時期に何人いるか、防衛大臣でさえまったく知らないで沖縄の「海兵隊の削減交渉」をしているなんて。いったいどうなっているのでしょうか。

そもそも海兵隊は二年から三年、部署によっては半年ごとにローテーションしているので、実数を把握するのがむずかしい。笑えない笑い話ですが、沖縄では米兵がいま現実に何人いるかということの正確な指標はひとつしかないんです。それは米兵の犯罪件数。主力部隊が日本にもどってきているときは、米兵の犯罪件数は増加します。ローテーションや戦争で海外に派兵されているときは、減少します。そういった状態なんです。

それなのに、「沖縄に何人いる」ということの定義もあいまいなまま、何人移転するとか、それについて日本側が何千億円負担するとかいう話になっている。

さすがにおかしいんじゃないかと思っているときに、最終的にポコッと、

「一万八千人から八千人を引いて一万人が残る」

という話が日米合意の中で出てきた。それまで合意文書のなかに「海兵隊一万八千人」なんていう数字はどこにもなかったんです。だから、どうも怪しい、これは「八千人」という数字

が先にあって、そこからつじつまを合わせたんじゃないかという疑いが濃厚だったんです。

そう思っていると、やはりそのあと米国の公文書や公電を大量リークした「ウィキリークス」の資料で、実は一万八千人というのは「定数」で、そこから八千人が移動するということで日米両政府が合意したが、実際にはその論議をしているとき沖縄に海兵隊員は一万三千人しか、いなかったことがわかりました。

沖縄県の基地対策課が米軍にヒアリングした数字でも、二〇〇五年当時で海兵隊数は一万二五二〇人、二〇〇六年も一万三四八〇人しかいないことがわかっています。

実際には多くても一万三千人しかいない。そこから三千人が移動して一万人がのこるんだけど、日米両政府のあいだでは八千人が移動したことにして移設費用は八千人分払いますという計画になっている。ウィキリークスによれば、日本政府もそうした事実は知りながら「水増し」の数字を容認して再編計画に合意しています。国民からすれば、三千人しか移住しないのに、八千人分も移住費用を税金から払わされることになるのですから、完全な不正支出ということになります。

一般企業なら、おそらくトップが責任をとって辞任させられるところですが、こうした悪質な「水増し請求」が暴露されても、日本政府のトップも官僚たちも責任をとらされることはありません。無責任体制というのは、まさにこのことです。

だいたい、もともと海兵隊が何人いるかもわからない状態で、そうした負担を議論していること自体がおかしい。なぜそうしたことが起こるかといえば、日本の政治家のなかで米軍基地についてしっかりとした情報をもっている人間がひとりもいないからです。

おそらく、

「一万八千人は定数で、実際は一万三千人なんだから、移転費用は三千人分しか払わないでいいだろう」

などと言ったら、その政治家がどんな目にあうか、みんなわかっているからでしょう。

ここまでおかしなことになっている国は、ほかにはないと思います。

ではどうして日本だけは、これほどおかしなことになっているのか。次のQ&A②でその理由を、歴史をさかのぼって考えてみたいと思います。

（前）

Q&A ②

いつ、どのようにして結ばれたのですか？

日米地位協定が結ばれたのは、一九六〇年一月一九日、ワシントンにおいてです。しかし、それよりもはるかに重要なのは、その前身である日米行政協定が、いつどのようにして結ばれたかという問題です。なぜならQ＆A①でのべたとおり、日米地位協定は日米行政協定の内容を受けついだもので、両者のあいだに本質的な違いはないからです。

日米行政協定は一九五二年二月二八日、東京の外務省庁舎のなかでひっそりと結ばれました。その半年前の一九五一年九月八日（現地時間）にはサンフランシスコで、講和条約（平和条約）がオペラハウスで華々しく、旧安保条約が町はずれの米軍施設内でこっそりと調印されていました。

当時の歴史的経緯については、このシリーズの一冊目である『戦後史の正体』で、元外務省国際情報局長だった孫崎享《まごさきうける》さんが、かなりくわしく書いています。

孫崎さんは同書のなかで、これまで歴史のなかに埋没してまったく人びとに知られなかった多くの愛国派外務官僚に光を当てています。

そのひとり、日米開戦前の外務省アメリカ局長で、一九四七年には外務次官にもなった寺崎太郎氏（昭和天皇の御用掛《ごようがかり》として有名な寺崎英成《ひでなり》の兄）は、安保条約の調印について次のように書いています。

「安保条約調印の場は、同じサンフランシスコでも、華麗なオペラハウスではなく、米第六軍司令部〔第六軍は日本を占領した部隊のひとつ〕の下士官クラブだった。これはいかにも印象的ではないか。下士官クラブで安保条約の調印式をあげたことは、吉田一行と日本国民に『敗戦国』としての身のほどを知らせるにはうってつけの会場だと考えたら思いすごしだろうか」

「ところで安保条約に対する第一の疑問は、これが平和条約のその日に、〔平和条約の調印から〕わずか数時間後、吉田首相ひとりで調印されていることである。という意味は、半永久的に日本の運命を決すべき条約のお膳立《ぜんだ》てが、まだ主権も一部制限されている日本政府、言葉を変えていえば手足の自由をなかば縛《しば》られた日本政府を相手に、したがって当然きわめて秘密裡《ひみつり》にすっかりとり決められているのである。いいかえれば決して独立国の条約ではない」

日米行政協定は、このとき結ばれたふたつの条約、サンフランシスコ講和条約と日米安保条約とともに一九五二年四月二八日に発効します。ひっそりと米軍施設内で結ばれた日米安保条約以上に、この協定はだれも知らないところで結ばれました。注目する日本人はだれもいなかったのです。しかしそこには非常に重大な意味が隠されていました。ふたたび、寺崎太郎・元外務次官の言葉です。

「周知のように、日本が置かれているサンフランシスコ体制は、時間的には平和条約〔サンフランシスコ講和条約〕―安保条約―行政協定の順序でできた。だが、それがもつ真の意義は、まさにその逆で、行政協定のための安保条約、安保条約のための平和条約でしかなかったことは、今日までに明瞭であろう。つまり本能寺〔＝本当の目的〕は最後の行政協定にこそあったのだ」

この寺崎太郎という人は、戦中・戦後と外務省で要職にあり、前にふれたように一九四七年には第一次吉田内閣の外務次官までつとめたエリートです。しかし、極端な対米従属路線をとる吉田茂と衝突し、八カ月で辞職。そのあとの外務次官には、吉田の子分だった岡崎勝男が就任しています。

こうした経歴を見てもわかるとおり、寺崎太郎は現在までつづく日本の属米路線に、もっとも早くから警鐘を鳴らしていたひとりです。ですから現在の私たちは、彼の残した言葉に、じっくりと耳をかたむける必要があるのです。

戦後体制（サンフランシスコ体制）の三重構造

寺崎の鋭いところは、まず日本の国が置かれた戦後体制（サンフランシスコ体制）を、

講和条約—安保条約—行政協定

という三重構造のなかに位置づけたことです。そしてさらに、一般にはこの三重構造の重要性は、

講和条約 ＞ 安保条約 ＞ 行政協定

と考えられているが、実はその逆で、

行政協定 ＞ 安保条約 ＞ 講和条約

の順に重要だと見ぬいたところです。

では、なにが一番の問題なのか。寺崎が示した三重構造にしたがって見ていきましょう。まずサンフランシスコ講和条約です。日本の国際社会への復帰を決めたこの条約は、沖縄と小笠原を切り捨てた第三条という重大な欠陥がありますが、「本土」についてはそれほど問題はありません。敗戦国に対する平和条約（講和条約）としては、非常に寛大なものだという一般的なイメージはそのとおりです。日本人は自国をよく「小国だ、小国だ」といいますが、領海と排他的経済水域をあわせた面積では世界六位になっています。

問題はこの「寛大な平和条約（講和条約）」をアメリカが主導して作ったウラには、非常にきびしい二国間条約が存在したということです。「アメとムチ」の「ムチ」のほう、それが旧安保条約なのです。

旧安保条約の目的は「日本全土を潜在的基地とすること」

旧安保条約の最大の問題は、米軍の日本駐留のあり方について規定がないということです。

それもそのはずです。アメリカが日米安保条約で実現したかった目的は、日本全土を米軍の「潜在的基地《ポテンシャル・ベース》」とすることだったからです。


「えっ？」


と驚かれた方もいるでしょう。それは沖縄の話じゃないのか、と。

ちがいます。だからくり返しておきます。アメリカが日米安保条約で実現したかった目的は、

「日本全土を米軍の『潜在的基地《ポテンシャル・ベース》』とすること」

だったのです。

さきほどふれた孫崎享《うける》さんの『戦後史の正体』には、一九四〇年代後半に起こったアメリカの対日政策の大転換が、鮮やかに描かれています。一九四五年の終戦後、日本を占領したアメリカ軍は、当初「二度と日本がアメリカと世界の脅威にならないよう」、非常に懲罰《ちょうばつ》的な政策をとっていました。

「日本人の生活水準は、彼らが侵略した朝鮮人やインドネシア人、ベトナム人より上であっていい理由はなにもない」（E・W・ポーレー：賠償委員会委員長）

しかしみなさんご存じのように、すぐに冷戦が始まります。そして第二次大戦終了直後から始まった米ソの東西対立が、ついに朝鮮半島で現実の戦争となって火をふきます。サンフランシスコ講和条約と日米安保条約が結ばれる前年の一九五〇年六月のことです。

講和条約と安保条約の協議がアメリカとのあいだで始まった一九五一年初頭には、すでに戦闘はこう着状態になっていましたが、いつ本格的な戦いが再開されてもおかしくない状況にありました。そうしたなか、両条約のアメリカ側交渉担当者であり、両条約の「生みの親」といわれるダレス（当時、国務省政策顧問）が来日します。そしてすぐ、一月二六日に行なわれたアメリカ側のスタッフ会議でダレスは、日米安保条約における最大の目的が、

「われわれが望む数の兵力を、望む場所に、望む期間だけ駐留させる権利を確保すること」

(get the right to station as many troops in Japan as we want where we want and for as long as we want)

であると、はっきりのべています。さらに重要なのは、このときダレス自身が、

「アメリカにそのような特権をあたえるような政府は、日本の主権を傷つけるのを許したと必ず攻撃されるだろう。われわれの提案を納得させるのはむずかしい」（三浦陽一『吉田茂とサンフランシスコ講和』大月書店）

として、自分たちがこれから日本に要求する巨大な特権が、明白な主権侵害であることを認めていたということです。**「安保条約の生みの親」と呼ばれるダレス本人がそう考えていたことを、われわれ日本人はよく知っておく必要があります。**

さらにダレスはこのスタッフ会議で、

「ほかの連合国を説得するまえに、講和条約と安保条約について日米の合意を確立しておくことが絶対に必要だ。日米の意見に相違点があれば、たとえばイギリスがそこにつけこんで、さまざまな争点をかきたてるだろうし、ソ連は反米プロパガンダの口実とするだろう。

だからアメリカは、日本から確実に基地の権利を獲得するために、寛大な講和条約を用意したのだ」（同前）

と言葉をつづけています。

そしてQ&A①で見たとおり、アメリカの歴史学者（外交史）マイケル・シャラーによれば、その後二週間半の日本側との協議で、アメリカ側は最大の目的である「基地についての特権」を得るのに成功したことがわかっています。（『「日米関係」とは何だったのか─占領期から冷戦終結後まで』草思社）

つまり、「望む数の兵力を、望む場所に、望む期間だけ駐留させる権利」を計画どおり獲得したということです。

「そんなバカな。証拠を見せろ」

とおっしゃるかもしれません。でも事実です。その根拠となっている旧安保条約と日米行政協定の条文はつぎのとおりです。太字の部分だけ読んでもらえれば、意味はわかります。

「旧安保条約　前文

日本国は、本日連合国との平和条約に署名した。日本国は、武装を解除されているので、平和条約の効力発生の時において固有の**自衛権を行使する**有効な**手段をもたない。**

無責任な軍国主義がまだ世界から駆逐されていないので、前記の状態にある日本国には危険がある。**よって、日本国は**平和条約が日本国とアメリカ合衆国の間に効力を生ずるのと同時に効力を生ずべき**アメリカ合衆国との安全保障条約を希望する。**（略）

これらの権利の行使として、**日本国は、その防衛のための暫定措置として、**日本国に対する武力攻撃を阻止するため**日本国内およびその附近にアメリカ合衆国がその軍隊を維持することを希望する。**（略）」

「旧安保条約　第一条

平和条約〔サンフランシスコ講和条約〕およびこの条約〔旧安保条約〕の効力発生と同時に、**アメリカ合衆国の陸軍、空軍および海軍を日本国内およびその附近に配備する権利を、日本国は、許与《きょよ》し、アメリカ合衆国は、これを受諾《じゅだく》する。**この軍隊は、極東における国際平和と安全の維持に寄与し、ならびに（略）外部からの武力攻撃に対する日本国の安全に寄与するために使用することができる」

Q&A①でもふれたように、簡単にいうとこういう建前です。

敗戦後、日本は連合国軍（その実態は米軍でした）によって占領されていた。しかし平和条約（講和条約）が結ばれたので、そうした占領状態は終わることになった。ところが日本には自分で国を守る能力がないので、平和条約が有効になるのと同時に、米軍を日本に配備する権利を、日本側は許可し、アメリカ側はそれを受けるということです。

そのため、具体的なレベルで次のような協定が結ばれました。

「日米行政協定　第二条1項
日本国は合衆国に対し、安全保障条約第一条にかかげる目的の遂行に必要な基地の使用を許すことに同意する」（註：傍点部は正式な文書では「施設と区域」。以下同）

この条文のなかにある「安全保障条約第一条にかかげる目的」というのは、「極東における国際平和と安全の維持」と「外部からの武力攻撃に対する日本国の安全」のことで、米軍がそうした目的に貢献できるという条件で、基地の使用を認めるということです。

つまり、他の安全保障条約のように、どこどこの場所をどれだけの期間、米軍基地として使うというとり決めではなく、「米軍」が「目的を達成するために必要」とする基地の使用を、日本政府は許可するということです。ですから「必要だ」といわれたら、基本的に断ることができないのです。

そしてその基地の使い方については、次のとおり決められています。

「日米行政協定　第三条1項
合衆国は、基地内において、それらの設定、使用、運営、防衛または管理のため**必要な**または適当な**権利、権力および権能を有する**」

つまり、すべて米軍の思いどおりに運用できるということです。

このように、寛大な講和条約（平和条約）の代償として結ばれた「日本全土の基地化条約」と「在日米軍基地の自由使用条約」、これが一九五一年に調印された旧安保条約の正体なのです。

ですから、サンフランシスコ講和条約が豪華なオペラハウスで、四八カ国の代表とのあいだで華々しく調印されたのに対し、日米安保条約はどこで結ぶのか、いつ結ぶのか、最後の最後まで日本側は教えてもらえませんでした。あまりにアメリカにとって有利な特権を認める条約であること、逆に日本にとって売国的な条約であることが、アメリカ側にはよくわかっていたのです。そのため先にのべたようにダレス自身が、ソ連などからだけでなく、イギリスなどの西側諸国からも妨害が入ることを警戒していたのです。

旧安保条約の調印は、場所も時間も最後の最後まで教えてもらえなかった

ここで少し立ちどまり、あなた自身がサンフランシスコ講和条約の日本側代表になったつもりで想像してみてください。一九五一年九月四日から、豪華なオペラハウスで四八カ国の代表とのあいだで始まった講和会議は、各国代表が演説と議論をくり広げたあと、九月七日に吉田首相が条約の「受諾演説」を行ない、翌八日に調印が行なわれることになっていました。

しかし日本側代表団がアメリカに到着しても、旧安保条約がいつ結ばれるのか、どこで結ばれるのか、そもそも本当に結ばれるのかさえ、まったく教えてもらえませんでした。あまりにもアメリカに異常な特権をあたえる条約であるため、調印直前まで各国代表団に対して隠しておく必要があったからです。

旧安保条約の調印日が、サンフランシスコ講和条約と同じ九月八日であることが日本側に伝えられたのは、調印日の前日、七日の夜のことでした。

「九月七日、吉田〔首相〕の二〇分あまりの〔講和条約の〕受諾演説が終わったあと、議事規則にしたがって最終討論になった。夜一一時まで発言が許された。（略）

夜一一時ごろ、日本の事務局が議場を出ようとしたときのことである。**シーボルト〔駐日政治顧問〕がやってきて、安保条約の調印は明日〔八日〕の午後、講和条約の調印式のあとにすませたいと告げた。**

もう少し時間に余裕があると思っていた日本側はあわてて、深夜さっそく吉田のもとに知らせた。事務局は、ホテルにもどって安保の日本語文を作成し始めた。

安保条約の英文はできていたが、機密保持のために和文はまだ存在せず、調印のための原本も用意されていなかったのである」（『吉田茂とサンフランシスコ講和』）

機密保持のため、調印日の前日まで「和文は存在しなかった」という点に注目してください。和文（日本語の条約文）がないのですから、もちろん日本人は吉田とごく少数の側近や官僚たち以外、だれも条約の内容を知りません。くりかえしますが、調印の前日まで和文はなかった。ですから吉田以外の代表団のメンバーは、旧安保条約の内容をほとんど知らなかったのです。

そもそも条約というのは、国会で審議することを義務づけられているのですが、吉田はだれに聞かれても、安保条約は「交渉中」として国会でまともに議論させませんでした。つまり表の「寛大な講和条約」に対して、「ムチ」である日米安保条約は、一種の巨大な「密約」として結ばれたということができます。先に引用した著書のなかで三浦陽一教授は、こうした国際社会への復帰というきわめて重大な局面において、**「国会や世論のチェック機能にたよることを自分から拒否した吉田内閣は、アメリカ依存の秘密外交の坂道を転がっていった」**と書いています。

というのも吉田外交の国会軽視、世論無視は、それだけではすまなかったからです。安保条約という密約の裏に、さらにもうひとつの密約があった。それが日米行政協定だったのです。

話を講和条約の調印前日の一九五一年九月七日にもどしましょう。調印を翌日にひかえた夜の一一時、ほとんど深夜になってから、日米安保条約についても明日調印すると告げられた日本側代表団ですが、場所と正式な時間はまだ教えてもらえませんでした。アメリカ側はそこまで慎重だった。つまり、いまから自分たちが結ぼうとしている条約の違法性、異常性についてよくわかっていたのです。

翌九月八日土曜日、調印の朝、サンフランシスコの空は快晴だったそうです。午前一〇時に始まった会議は、一〇時半から講和条約の調印に移りました。アルゼンチン代表からアルファベット順に次々とサインしていき、最後に吉田をはじめとする日本側全権六人がサインし、一一時三〇分にすべての調印が終わりました。

その後、アチソン議長〔米国務長官〕が短い挨拶をして会議の終了を宣言し、各国代表が吉田のもとにやってきて「おめでとう」と握手を求めたときには、すでに正午になっていました。**旧安保条約が調印される正確な場所と時間が日本側に伝えられたのは、ちょうどそのときでした。**

「**八日正午、安保の署名はサンフランシスコ市はずれの米第六兵団プレシディオ〔陸軍施設〕で午後五時に行ないたいとアメリカ側から通知があった。**

そのまえに、調印の席で吉田〔首相〕とアチソンがかわす声明を、日米事務局が照合しなければならない。式まで数時間しかない。翻訳担当と条約班は、アメリカ側スタッフとさっそく協議に入った。

調印式の二時間前、安保条約の全文が発表された」（同前）

日本代表団の少なくともひとりは、帰国後暗殺されることは確実だ

こうして旧安保条約は、調印の直前まで内容も調印する日時もだれも知らない事実上の密約として結ばれることになりました。その違法性、異常性をなによりもよくあらわしているのが、

サンフランシスコ講和条約がアメリカ側代表四人、日本側代表六人によってサインされたのに対して、安保条約はアメリカ側が同じく四人サインしたにも関わらず、日本側は吉田首相がただひとりサインしたことです。

吉田は、講和条約と安保条約を同じ日に調印することは避けるべきだという声にも耳を貸しませんでした。安保条約の調印式には参加もしなかった日本側代表のひとり、苫米地義三《とまべちぎぞう》（民主党）はこうのべています。

「安保条約は、講和条約が発効したあとの軍事的危機に備えることが目的である。しかし講和条約の発効までにはまだ半年はある。したがっていま、あわてて安保を調印しなければならない理由はない。そもそも吉田首相は東京出発前まで、安保条約はまだできていないと答えていた。われわれは内容もわからず盲判《めくらばん》（原文ママ）を押すわけにはいかない」

「せめて署名の土地を変えるとか、それができなければ署名日をずらすとかして、平和条約〔講和条約〕にもとづいて日米両国が対等の交渉をして署名をしたという形をとれば、どれほど日本人に受け入れやすいだろうか。アメリカ人の政治的感覚の欠如が嘆かわしい」（西村熊雄『日本外交史27 サンフランシスコ平和条約』鹿島研究所出版会）

しかし吉田は押し切りました。**講和条約を調印した同じ日に、米軍に巨大な特権を認めた旧安保条約を、完全に国民の目から隠しつづけたまま、調印したのです。**

先に引用した三浦陽一・中部大学教授の『吉田茂とサンフランシスコ講和』の安保条約調印の章は、驚くべき証言で閉じられています。

「ダレスの補佐役だったアリソン〔のちの駐日大使〕は、もし安保条約が〔実際に〕署名されたら、日本側代表団の少なくともひとりは帰国後暗殺されることは確実だと語っている〔講和条約締結の二カ月前の一九五一年七月三日に、イギリスの外交官に対して〕。**真に独立を求める心情が日本人にあるなら、安保条約はかんたんに認められるものではないことを、吉田もアメリカも知っていたのである」**

けれどもその「暗殺確実」なほど売国的な日米安保条約も、まだましだったかもしれません。さきほどのべたように、それから約半年後、「本能寺」である日米行政協定が結ばれることになったからです。

前に、講和条約―安保条約―日米行政協定の三段構造を見ぬいた寺崎太郎を「鋭い」といってほめましたが、それには理由があります。実はアメリカ側の交渉担当者で、講和条約と安保条約の「生みの親」とまでいわれるダレスが、交渉の過程ではっきりとその三段階を設定していたからです。

一九五一年一月末に始まった、講和条約締結にむけての日米交渉のなかで、アメリカ側は日本に対し、米軍の具体的な特権や、**有事の際に「日本軍」が米軍司令官の指揮下に入ることなどを定めた安保協定案**（二月二日案）を示してきます。そうした条項はとても国民の目にふれさせられないとする日本側の要請を受けて、ダレスはアメリカ側のスタッフ・ミーティングでつぎのようにのべています。

「安保条約の細かい議論に入るまえに、駐軍と安全保障のどの部分を平和条約〔講和条約〕に、どの部分を安保条約に、そして**どの部分を国会の承認や国連への登録が必要ない秘密の了解（a private understanding）にすべきか考えておくことがのぞましい**」（『吉田茂とサンフランシスコ講和』）

つまり、講和条約や安保条約には書きこめない、もっとも属国的な条項を押しこむための「秘密の了解」、それこそが日米行政協定だったのです。なぜ協定に押しこむ必要があったかというと、ダレスの言うとおり、条約とちがって協定には「国会の承認や国連への登録が必要ない」からです。もともと「行政協定（executive agreement, administrative agreement）」とは、アメリカ政府が上院の承認を得ずに他国の政府と結べる協定をさす一般名詞なのです。

では次のQ&A③から、現在の日本の混迷の根源ともいえる日米地位協定が、いったいどのようなものか具体的に見ていきましょう。かなり細かく説明していきますが、全体としてはあまりむずかしく考えないでください。日米行政協定を受けついで一九六〇年に結ばれた日米地位協定の本質とは、すでにのべたとおり「アメリカが日本に、望む数の兵力を、望む場所に、望む期間だけ駐留させ、なんの制約もなく行動する権利を確保する」ところにあるからです。

これを前にもふれたように、米軍による「米軍基地の自由使用《フリー・ユース》」および「全土基地方式」などといいます。

この時点でおぼえておいていただきたいポイントは、一九五一年一月の講和条約締結に向けての下交渉の時点から、すでに「日本全土の潜在的基地化」という概念が存在していることです。

よく本土の心ある人たちは、「沖縄の人たちに米軍基地を押しつけて申し訳ない」といったりしますが、それは半分正しくて、半分ちがっているということです。もちろん被害の深刻さはまったくちがいますが、日米地位協定、つまり在日米軍基地の脅威にさらされているのは、沖縄だけではなく、あくまで日本全体なのです。

（明・矢）

具体的に何が問題なのですか？

まず当たり前のことですが、米軍基地があります。

現在日本には、北から南まで、さまざまな場所にアメリカ軍が駐留しています。沖縄だけではありません。本土の有名な基地だけでも、北から、三沢（青森県）、横田（東京都）、座間《ざま》、厚木、横須賀（以上、神奈川県）、岩国（山口県）、佐世保（長崎県）などがあります。

とくに横田基地は首都東京にあり、あとでふれるように首都圏の上空にも「横田ラプコン」といわれる、一都八県の上空をおおう巨大な米軍の管理空域があります（RAPCON：radar approach control＝レーダー進入管制）。

厚木も座間も横須賀も東京のすぐそばにあります。そんなことを研究してもだれもほめてくれないので専門家はいないのですが、**首都圏がこれほど外国軍によって占拠されているのは、おそらく世界で日本だけでしょう。**

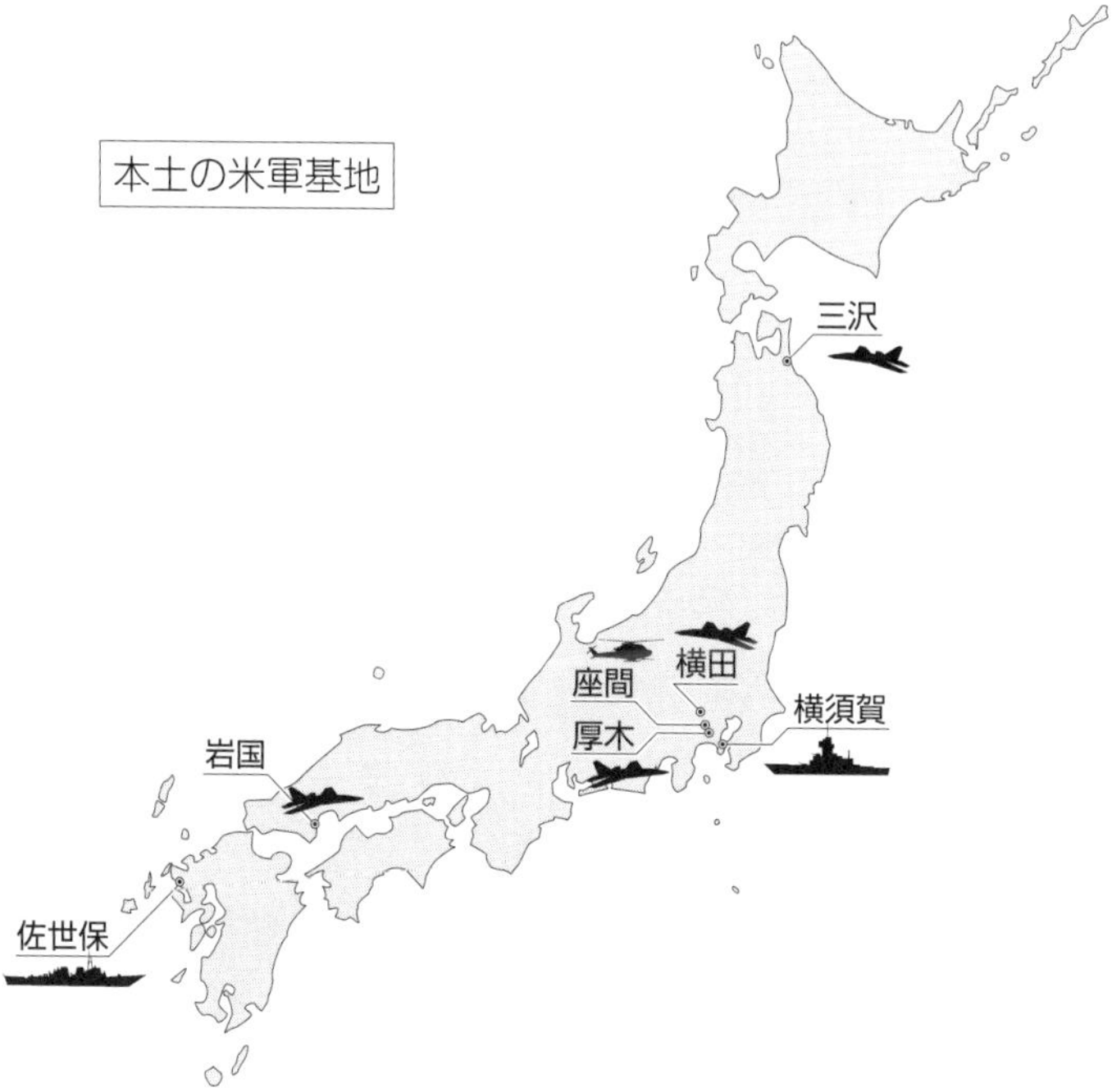

このことは、国全体が「安保村」*とでもいうべき日本の言論空間ではタブーになっていますが、実は非常に単純な話なのです。首都圏に外国軍がいれば、なにかあったときにはすぐに首都が制圧されてしまう。いくら外交でがんばろうとしても、ギリギリ最後のところでは、絶対に刃向かうことはできないわけです。そんなことは世界中の人たちが常識として知っています。

以前、日本が国連の常任理事国になろうとして、外務省が一生懸命画《かく》策《さく》していたとき、各国から、

「そんなことをすればアメリカに二票あたえることになるだけだ」

横田基地近くの小学校上空をかすめるようにして飛ぶ米軍機（1987年）。東京都昭島市立拝島第二小学のこの状況は、現在の沖縄の普天間第二小学校とまったく同じ。ほとんどの「本土」の人たちはこうした事実を知らない（写真：共同通信社）

という強い反対がありました。われわれはそれを一種のレトリックとして聞いていたわけですが、もちろん他の国々は本気で言っていたし、実際そうなわけです。

＊ 福島の原発事故以来、「原子力村」という言葉をよく耳にするようになりました。電力会社や東大教授、官僚、マスコミなどが一体となってつくる「原発推進派」の利益共同体のことです。同時にこの共同体は、豊富な資金に物をいわせて、推進派に都合のいい情報だけを広め、反対派の意見は弾圧する言論カルテルとして機能します。

「安保村」というのはそのスケールを大きくしたような存在で、「安保推進派」が集まってつくる利益共同体＝言論カルテルのことをさします。といっても「戦後日本」とはそもそも安保推進派がつくった国なので、「安保村」とは日本そのものであり、その言論統制は大手マスコミを中心に、ほぼ日本全体におよんでいます。

「アメリカの意図」を語ること自体が陰謀論

くりかえしますが、国全体が「安保村」ともいうべき日本の言論空間では、

「アメリカは日本の友人であり、日本に不利なことは絶対にしない」

「アメリカが日本に不利なことをするなどという可能性を語るのは、すべて陰謀論だ」

ということになっています。元外務官僚の天木直人氏も、外務省時代、安保条約についてはこれさえ読んでおけばよいといわれた条約課長の書いた解説書（小冊子）のなかに、

「アメリカが日本を守ってくれるかなどという疑念をもつこと自体、アメリカに対して失礼である」

と書いてあったので、非常に驚いたとのべています。知的な思考を停止し、ただ無条件でアメリカを信じろというわけです。（『さらば外務省！』講談社）

そうした外務省をはじめとする日本のトップエリートたちの思考停止状態はおそらく、この首都にある米軍基地の問題も大きいのだと思います。それはそうでしょう。もし、「自国に不利なことをする可能性のある外国の軍隊」が首都に駐留していたら、その国はもちろん独立国ではないからです。

昨年（二〇一二年）、東京都の石原知事（当時）が尖閣問題で強硬姿勢を示し、短期間ですが脚光をあびました。これも国際的な常識からいえば、本当にナンセンスな話です。外国軍基地を首都に置かれ、一都八県の上空を外国軍に支配されている（⇩71ページ）首都の知事が、その問題も解決できないのに、わざわざ遠く離れた小島の権利を主張し、愛国心を喚起して自

分の政治的野心のために利用しようとする。まったく理屈の通らない茶番劇としか言いようがありません。

沖縄の米軍基地

ではここで、日本国内の米軍基地について、ザッと解説しておきましょう。

まず次ページは、目にした方もいるかもしれません。沖縄にある米軍基地です。よく、「面積で日本全体の〇・六％しかない沖縄県に、七四％の米軍基地（専用施設）が集中している」と言われます。パッと見ただけで、かなりの面積をしめていることがわかりますね。そう、沖縄本島の一八・四％、ほとんど五分の一を占めているのです。さらに米軍はもちろん、この基地のなかだけで訓練しているわけではありません。島全体の上空をブンブン飛びまわって毎日演習を行なっているのです。Q&A②で「全土基地化」という言葉が出てきましたが、沖縄の現状はまさに「全土基地状態」だといえます。

69ページの図を見てください。これは「嘉手納ラプコン」といわれる沖縄上空の米軍の支配空域です。半径九〇キロ、高度六〇〇〇メートルと、半径五五キロ、高度一五〇〇メートルのふたつの空域が、沖縄と久米島の上空をすべておおっています。大きいですね。

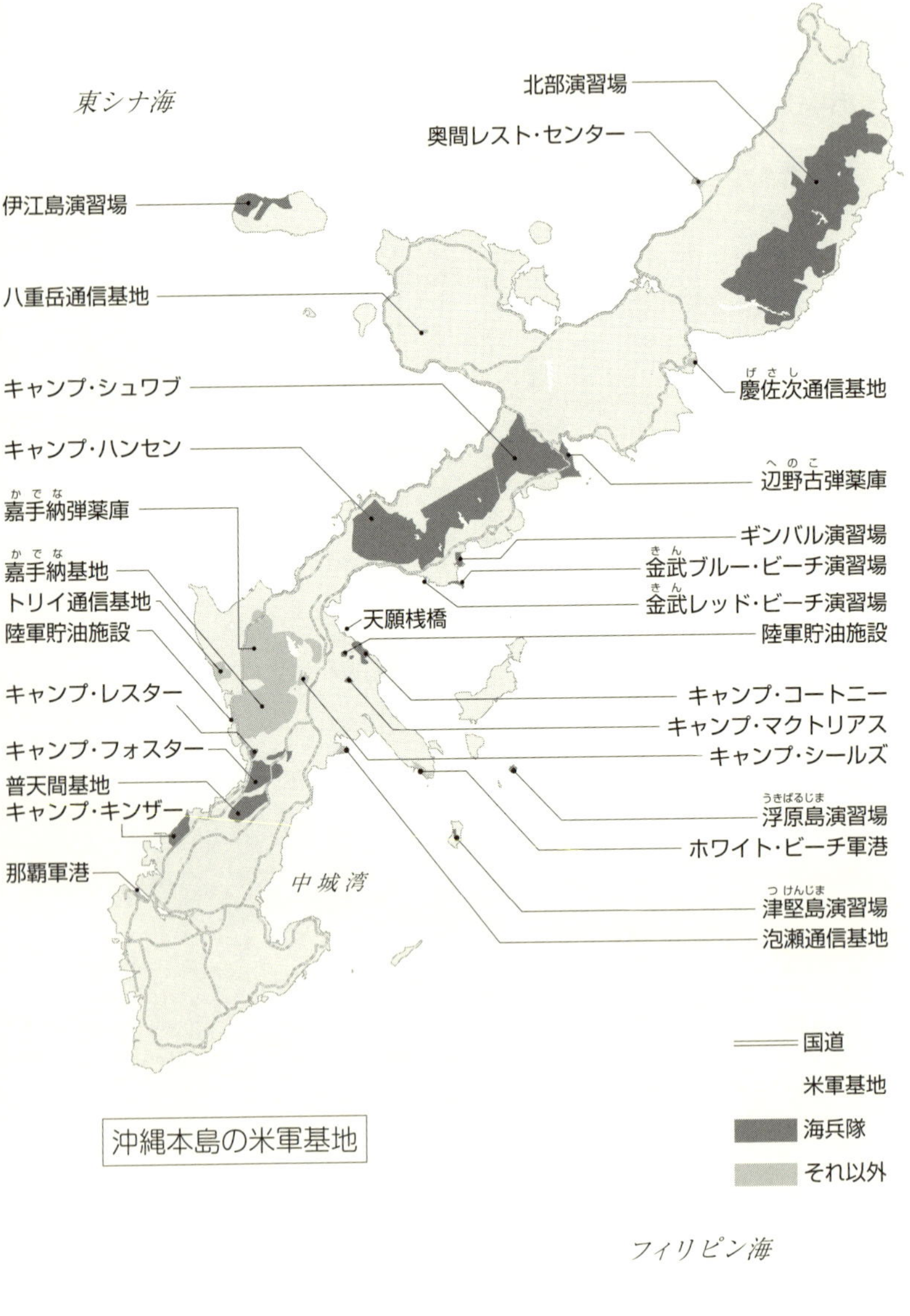
東シナ海
北部演習場
奥間レスト・センター
伊江島演習場
八重岳通信基地
慶佐次《げさし》通信基地
キャンプ・シュワブ
キャンプ・ハンセン
辺野古《へのこ》弾薬庫
嘉手納《かでな》弾薬庫
ギンバル演習場
嘉手納《かでな》基地
金武《きん》ブルー・ビーチ演習場
トリイ通信基地
金武《きん》レッド・ビーチ演習場
陸軍貯油施設
天願桟橋
陸軍貯油施設
キャンプ・レスター
キャンプ・コートニー
キャンプ・マクトリアス
キャンプ・フォスター
キャンプ・シールズ
普天間基地
キャンプ・キンザー
浮原島《うきばるじま》演習場
ホワイト・ビーチ軍港
那覇軍港
中城湾
津堅島《つけんじま》演習場
泡瀬通信基地
国道
米軍基地
海兵隊
それ以外
フィリピン海

沖縄本島の米軍基地

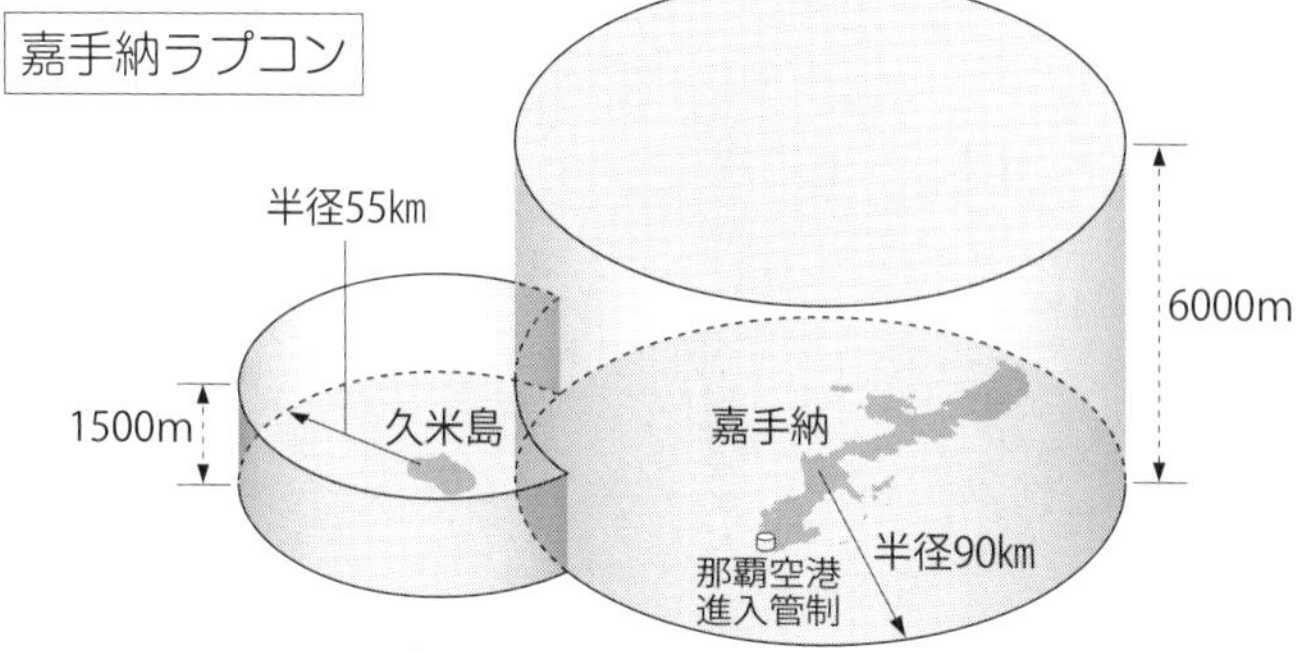

一方、那覇の上空にとても小さな円筒があるのが見えるでしょうか。これが那覇空港の管制空域です。半径五キロ、高度六〇〇メートル、笑うしかないほど小さいですね。この小さな空域だけが日本の民間航空機が離着陸時に自由に飛ぶのを許される範囲なのです。

ですから本土のみなさんが沖縄に遊びにきたとき、到着時や出発時に飛行機がかなり低空飛行して、きれいな海が見えることを覚えているでしょう。あれはなにもサービスでやっているのではなく、そういうふうにしか飛べないのです。もちろん安全性という面で問題があることはまちがいありません。

この嘉手納ラプコンは二〇一〇年三月末、日本へ「返還」され、管理権が日本に移ったことになっています。しかし実態はなにも変わっていません。依然として米軍機優先の管理体制が継続しているからです。あとで似た話が出てきますが、これが「形だけは返還して、手間のかかる業務は日本にやらせるが、大事な権限は手放さない」という、米軍が日本側に「譲歩」するときの典型的なパターンなのです。

この図をじっくり見れば見るほど、「なんてひどいんだ」と思うはずです。沖縄全体の上空が外国軍によって支配されているのですから。

しかし、そう思った本土の人、とくに関東の人は少し考えがあまいかもしれません。というのも、さきほど少しふれましたが、東京を中心とした非常に広大な空域が、沖縄とまったく同じ状況にあるからです。

首都圏にある巨大な米軍の支配空域

左ページの図を見てください。**一都八県**（東京都、栃木県、群馬県、埼玉県、神奈川県、新潟県、山梨県、長野県、静岡県）**の上空が、そのままスッポリと米軍の巨大な支配空域になっていることがわかります。これが「横田ラプコン」で、この空域を管理しているのが東京都福生《ふっさ》市にある米軍・横田基地です。**

図の手前のほうを見てもらうと、羽田空港がありますね。そこから三本の矢印が出ています。これが羽田空港から大阪などの西方面へ向かう、目的地別の飛行ルートです。どのルートを通

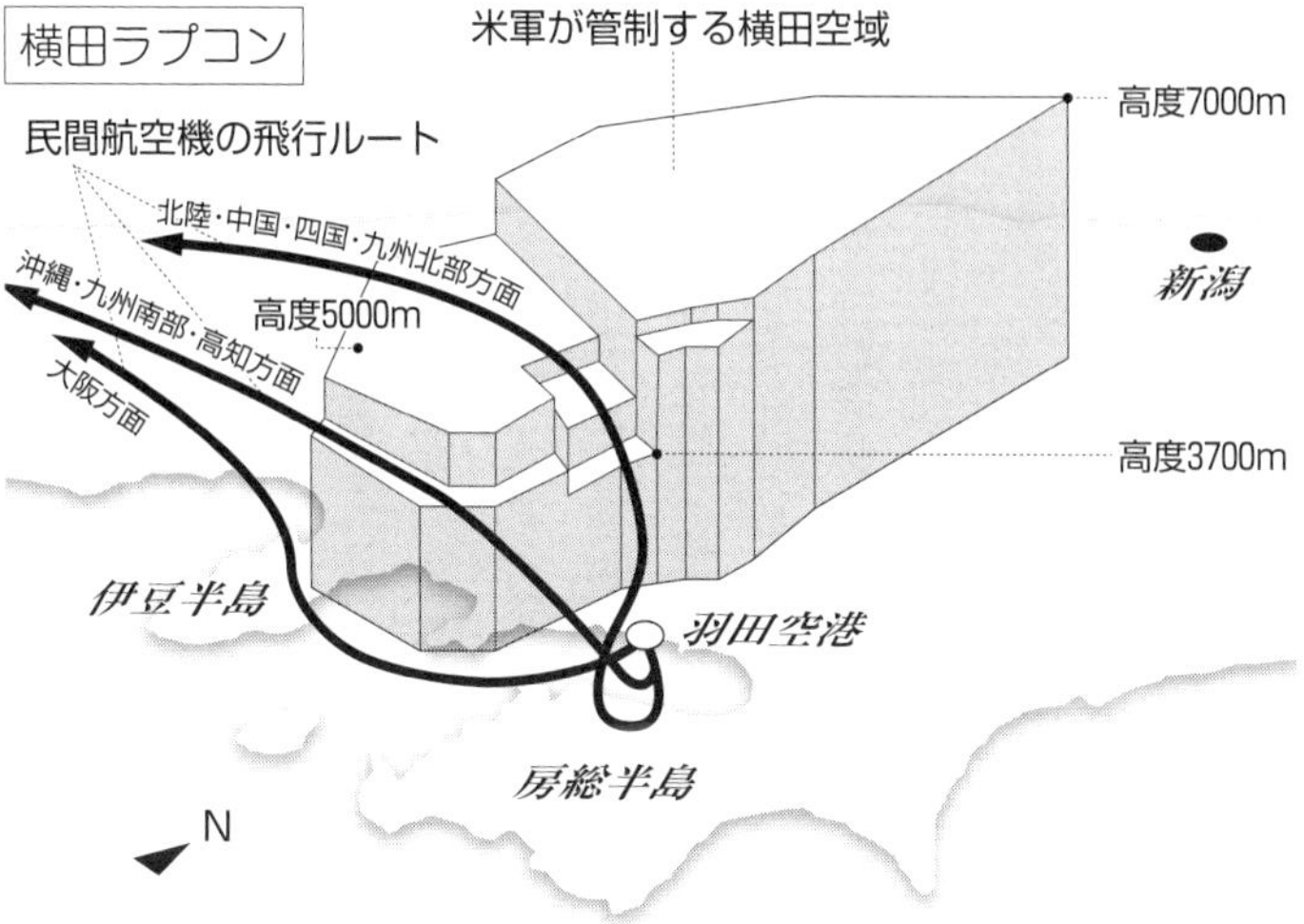

る飛行機も、四〇〇〇～五五〇〇メートルの高さがある「横田ラプコン」を越えるために、一度房総半島（千葉）方面に離陸して、急旋回と急上昇を行なわなければならないことがわかります。

そのため利用者は、本来は不要な燃料経費を価格に転嫁されたり、時間のロスを強いられたりしているのです。なにより見逃せないのは、こうした非常に狭い空域を不自然に急旋回・急上昇して飛ばなければならないため、航空機同士のニアミスが発生するなど、危険性が非常に高くなっているということです。

日本の首都である東京は、こうした巨大な外国軍の支配空域によって上空を制圧されています。この図に、63ページの地図を重ねてみてください。横田、座間《ざま》、厚木、横須賀と、都心から三～四〇キロ圏内に、まるで首都東京をとりかこむような

形で米軍基地が存在しているのです。さすがにこんな国は、世界中さがしてもどこにもないでしょう。そのことに普段私たちが気づかず、なんの疑問ももたずに生活していることを、まずおかしいと思う必要があるのです。※

すでにふれたように、こうした世界的に見てきわめて異常な状態にある首都東京の知事が、そのことも解決できないうちに、なぜかはるか遠くの東京都とはなんの関係もない小さな無人島（尖閣諸島）の件で「愛国心」をあおって自分の政治的立場を強化する。私たちはそうしたことのおかしさに、すぐに気づくことができるようになる必要があります。本当の愛国者なら、すでに自国が現実に支配（実効支配）している無人島について問題を提起するよりも、まず首都圏全域の上空に広がる外国軍の支配空域について返還交渉を片づけることのほうが、もちろん優先順位が高いはずだからです。

これからは首相であれ、東京都や沖縄の知事であれ、そうした異常な状況の解消に努力する人でなければ当選しない。そのような投票行動が日本人の常識になってほしいと思います。

※　実はいままであまり知られていなかったのですが、岩国基地の上空にも、管制権が米国の下にある「岩国ラプコン」があり、松山空港に離着陸する民間機が影響を受けていることがわかりました。

日米地位協定と密約

沖縄と首都圏以外の大きな米軍基地としては、青森県の三沢基地、山口県の岩国基地、長崎県の佐世保基地などがあります。

こうした米軍基地をかかえている地域からは、日米地位協定の「改定」を求める声が頻繁《ひんぱん》にあがります。でも、米軍基地が近くにない人たちにとって、いったい日米地位協定のなにが問題なのかは、ほとんどわからないと思います。

地位協定自体は短い条文なのですが、ものすごく大きな「治外法権」が米軍に保障されているのです。このため、国民の生命、財産、権利が侵害されています。列挙すると、

○米兵たちは罪を犯しても、ほとんど裁かれることがない
○日本の航空法で禁止されている市街地上空での超低空飛行訓練を行なっている
○日本の領土内にあるにもかかわらず、米軍基地内は環境保護の規定もなく汚し放題
○米兵でも当然払わなければならない税金や公共料金を払っていない
○「思いやり予算」のように日米地位協定に決められていないことまで、「思いやり」という名で超法規的なお金が流れる

など、そのメチャクチャぶりにはきりがありません。

日米地位協定にはたくさんの「密約」の存在が指摘されています。そのひとつひとつの密約の中身も問題ですが、さらに密約の裏にもうひとつの裏密約があったり、二重三重の密約が結ばれているなど、問題や課題がそれこそ何重にも重なっているのです。

日本は本来、「被占領国」ではないはずです。すでに一九五二年にサンフランシスコ講和条約が発効し、米軍占領は終了しているはずです。

日本は本来、米国の「植民地」でもないはずです。にもかかわらず、いまなお日本には首都・東京をはじめ三〇の都道府県に米軍が駐留しているのです。

被占領国でも植民地でもない日本に外国軍（米軍）が駐留する根拠は、「日米安保条約」と「日米地位協定」にあります。

なかでも在日米軍の駐留のあり方を定めた日米地位協定の特徴は、「いかなる場合にも米軍の権利が優先する、治外法権にもとづく不平等協定」という点にあるのです。

不平等を許す密約

地位協定の問題点を大きく分類すると、次の五つになります。

①　米軍や米兵が優位にあつかわれる「法のもとの不平等」
②　環境保護規定がなく、いくら有害物質をたれ流しても罰せられない協定の不備など「法の空白」
③　米軍の勝手な運用を可能にする「恣意《しい》的な運用」
④　協定で決められていることも守られない「免法特権」
⑤　米軍には日本の法律が適用されない「治外法権」

①は、たとえば日本人なら罪を犯せば処罰されますが、米兵たちは罰せられないことのほうが多いという不平等な状態がつづいています。犯罪者は逮捕されたあと、検察庁によって起訴されて、裁判になり、判決を受けて罰せられることになりますが、最初の「起訴」の段階で日本人は五割が起訴されるのに、米兵は二割程度しか起訴されません。

「法務省検察統計」（二〇〇八年）によると、二〇〇一年から二〇〇八年までの八年間の日本人と米兵との犯罪の起訴率は、日本人が四八・六％、米兵は一七・三％となっています。

もっとくわしく見てみると、罪状によって米兵の起訴率には大きな開きがあることがわかります。凶悪犯罪は、強盗致傷（八〇・九％）、放火（八〇％）、殺人（七五％）と比較的高いのですが、強盗になると六四％、傷害致死は五〇％、過失致死傷も五〇％と半分に落ちこみます。

さらに傷害は二七・一％、性犯罪関連になると強姦致死傷で三六・四％、強姦が二〇％、強制わいせつが一〇・五％と、起訴率は大きく落ちこんでしまいます。

驚くべきは、米兵の公務執行妨害や、文書偽造、脅迫、詐欺、恐喝、横領、盗品などです。そうした犯罪の起訴率は、なんと「〇％」。つまり不起訴率一〇〇％。まったく罪に問われていないのです。

日本政府は「日本人の事件と米軍人の事件とのあいだに、起訴の判断に差はない」と説明していますが、現実の数字を見ればそんなはずがないことは一目瞭然です。あきらかに「法のもとの不平等」が存在している。そしてその裏には「日本にとっていちじるしく重要と考えられる事件以外については、裁判権は行使しない」という日米密約の存在があるのです。（⇩146ページ）

「不備だらけの協定」と「法の空白地帯」

②の「協定の不備」と「法の空白」の代表は、環境面での規制がゼロなことです。沖縄県内の米軍基地では、かつてベトナム戦争で使用され、奇形児の誕生など深刻な健康被害をあたえた「枯葉剤《かれはざい》」が、一九六〇年代には軍事演習で日常的に使用されていたことが最近になってあきらかになりました。米軍の退役軍人が枯葉剤を使用したために病気になったとして、米国政

府を訴えたことで表面化したのです。

そのほかにも、返還された米軍基地の跡地から水銀やヒ素、ＰＣＢなどの有害物質が大量に検出されたり、有害物質がドラム缶につめられて埋められているのが発見されたりしています。

ＰＣＢについては、嘉手納《かでな》基地内に掘られた池に無造作に保管されていることが基地従業員の通報でわかりましたが、米軍に問い合わせると「そんな事実はない」と否定されてしまいました。結局、あとになって米軍がそのＰＣＢ保管池を埋め立てて証拠隠滅をはかっていたことが判明しています。

そのＰＣＢがどうなったか。その後の対応を聞くと驚きます。土中に埋められたＰＣＢは放置しておけば、地下水の深刻な汚染を引き起こすことになります。嘉手納基地は沖縄本島でも地下水が豊富なところで、かつて沖縄が本土に復帰する前は、沖縄本島の水道水の二割を嘉手納にある数多くの井戸に頼っていたほどです。その地下水源の真上で米軍は、ただ土を掘ってつくった池におおいもかけず、ＰＣＢ廃油を流しこんで保管（廃棄）していたのですからたまりません。

基地従業員の告発を受けた沖縄県や周辺自治体が「基地内」への立ち入り調査を申し入れました。しかし、米軍は地位協定上の「基地の管理権」をタテに立ち入り調査を拒否しました。そしてそのあいだにＰＣＢ廃油池を埋めてしまったのです。

結局、あとになって基地従業員の指摘どおりにＰＣＢ廃油池が発見され、埋め立てられた場所は掘り返され、ＰＣＢをふくんだ土ごとドラム缶につめられて処分されるはめになりました。

その処分は、当然、米軍によって行なわれることになり、米軍はＰＣＢ入りドラム缶数百本を船に乗せて米国本国に運ぶことになりました。実際、船に乗せられたＰＣＢドラム缶は、横浜経由で太平洋を横断して米国西海岸に到着します。ところが、ここで問題が生じました。

「有害物質を米国内にもちこんではいけない」

という米国の環境法に抵触するとして、米国内での処分が困難になったのです。米軍は仕方なく、ＰＣＢ入りドラム缶を日本にもち帰りました。有害物質が日本にもどってきたので、横浜港では日本の環境保護団体が輸送船に乗りこんで入港をはばもうとするなど、猛烈な反対運動が起こりました。

その結果、米軍はドラム缶をまた沖縄にもち帰ることになったようですが、その後はどこに行ったかわかりません。最終的な処分は当時の防衛施設庁にゆだねられたと聞きます。防衛施設庁は福岡にあるＰＣＢ処理ができる民間企業に処理を委託したとの話もありましたが、不明です。

米国国内では環境法で規制されているＰＣＢのとりあつかいや処分は、当然、日本の国内法でも規制されています。ところが、米軍基地内は地位協定によって米国の国内法は適用されず、日本の国内法も適用されないという「法の空白地帯」となっているのです。

日米両国の国内法が適用されないというのは、どう考えてもおかしな話です。それでは地位協定が日本国内で「法の空白地帯」を生んでいることになりますから、当然、改正をして、せめて日本国内の基地には、日本の国内法を適用して環境汚染や破壊を防止してほしいものです。

恣意《しい》的な運用

③の「恣意的な運用」については、沖縄国際大学で起きた米軍ヘリ墜落事故が典型的な例だといえるでしょう。
同じ墜落事故への対応でも、昔は本土では沖縄ほどひどくありませんでした。たとえば九州大学へのファントム機墜落事故（一九六八年）や、横浜でのファントム偵察機墜落事故（一九七七年）、愛媛県伊方《いかた》原発近くの米軍ヘリ墜落事故（一九八八年）では、沖縄のように米軍が日本側関係者をしめだすのではなく、日米両政府が共同で事故処理にあたっていたため、地位協定の「恣意的な運用」が問題になりました。

また地位協定といえばいつも問題になるのは米兵が罪を犯したときに処罰できない、いわゆる「裁判権」（第一次裁判権、以下同）の問題ですが、これは地位協定の第一七条にとり決めがあります。

くわしくはQ&A⑧（⇩141ページ）でのべますが、まず公務中〔仕事中〕の米軍関係者については、どんな犯罪であっても日本側に裁判権はない。つぎに公務外の米軍関係者についても、犯人の身柄が米軍側にある場合（たとえば犯行後、基地に逃げこんだ場合）、日本側が起訴するまでは身柄を引き渡さなくてもよい（日本側が逮捕できない）ことになっているのです。

逮捕できなければ起訴するのは困難です。最悪、起訴する前に出国されてしまえば、どうすることもできません。

一九九五年、沖縄で女子小学生に対する痛ましい集団レイプ事件（少女暴行事件）が起こったとき、沖縄県民は八万五千人の大抗議集会を開いて米軍に抗議し、地位協定の見直しなどを求めました。

しかしこれほどひどい事件が起こってもなお、地位協定が「改正」されることはなく、「運用の改善」だけが行なわれることになりました。しかもその内容は「殺人または強姦という凶悪な犯罪の場合、容疑者の起訴前の身柄の引き渡し〔逮捕〕に好意的な考慮を払う」というものでした。

米軍の「好意的考慮」によって、引き渡す場合もあれば、引き渡さない場合もあるというのでは、「運用を改善」した意味がまったくありません。そうした恣意的な運用が、なぜか許されているのです。

日米地位協定の恣意的な運用をやめ、容疑者をどうあつかうか、法律や条文でしっかりと決めて運用すること。それは法治国家として最低限必要なことのはずです。

決めたことを守らない

④は信じられないかもしれませんが、地位協定で決めているのに、米軍が守らないというケースです。いろいろとまじめに法律上の問題を検討するのがバカバカしくなってしまいますが、こうしたケースが実は無数にあるのです。

以前、私〔前泊〕が勤務している沖縄国際大学で、観光客にボランティアで米軍機の墜落現場の案内をしている女子学生がいました。たまたま彼女がガイドをしているそばを通ったので、観光客のなかに混じって手をあげて、

「日米地位協定って、ひとことで言うとなんですか」

と聞いてみたことがあります。少し考えたあと、彼女がズバッと言ったのは、

「結ばれるけど、守られないとり決め」

というものでした。それくらい守られていない。平気で破る。沖縄の県民や、本土でも基地

周辺の住民はみなそのことをよく知っているのです。

オスプレイの配備で問題になっている米軍機の低空飛行訓練がその代表的な例ですが、この問題については、Q&A⑥（⇩116ページ）でくわしくふれたいと思います。

また、みなさんにはピンとこないかもしれませんが、非常に大きな違反行為として「潜水艦の浮上掲旗《ふじょうけいき》義務違反」という問題があります。これは国家主権に関わる非常に重要な問題です。どんな国の潜水艦であっても、他国の領海内に入ったときは海上に浮上して国旗をかかげて航行する義務があります。これは日米地位協定だけでなく、国際法でそう決まっているのです。潜水艦が潜水したままだと、領海を侵犯されてもわからないし、いつ攻撃されるかわからないからです。当然ですよね。

しかし、実際には米軍の潜水艦は、潜水したまま日本の領海内に入ってきているのです。それなのに日本の外務省はそれを黙認するしかない。外務省が作成した機密文書「日米地位協定の考え方」（PART2参照）にも、「米軍に対して浮上掲旗をはたすように再三申し入れているが、米軍は応じてくれない」という内容が書かれています。テロ攻撃の可能性などを主張して、うんと言ってくれないというのです。きちんと協議して決めても、米軍が守らなかったときにはどうすることもできない日本政府の悲しい現実がそこにはあります。

裏ワザ

「移設」問題で揺れている米軍普天間飛行場では、米軍が負担することが日米地位協定で決められている飛行場の補修費を、日本側が負担するという地位協定の運用上の裏ワザも編みだされています。

その「裏ワザ」とは、こんなからくりでした。たとえば、日本国内に米軍がつくった米軍施設は、米軍の予算で補修管理するのが地位協定の決まりです。でも米軍がつくった施設でも、その所有権を日本政府に移してしまえば、あとの補修管理は日本側の負担になる。ここがポイントです。

そもそも日本国内にある米軍基地は、国有地以外は、すべて日本政府が地主に地代を払って米軍に提供しているのです。いまでは米軍の施設についても日本側が建設して米軍に無償で提供するしくみになっていますが、過去に米軍がつくった施設については米軍のものですから、米軍が維持管理費を負担しなければならないとり決めになっています。そこで米軍は、過去につくった米軍施設の所有権を日本側に譲渡するという裏ワザを編みだしたのです。所有権を日本側に渡してしまえば、その後の維持管理費や補修費を、すべて日本側に負担させることができます。

ものすごくズルいやり方ですね。

民間にたとえるなら、自分が住んでいる家を、他の人に無償譲渡して、その人に家主になってもらう。無償で譲渡されて家主になった人は、自分の財産なので補修管理費用を払うことになる。けれども、家は前の持ち主がそのまま家賃なしで住みつづけていて、自分が住むことも、他人に貸すこともできない。しかも、その借地に建っているその家の借地料も負担しなければならない。「そんなバカな」と思うでしょう。でも米軍基地に関しては、こうした「そんなバカな」というような話ばっかりなんです。米軍がなにかを「返還します」と言ったときは、かならずこうしたカラクリが隠されていないか、よく分析する必要があります。

ゴネ得

悲しい話も紹介しましょう。米兵犯罪における裏取引の話です。犯罪によってもたらされた被害については、犯罪者自身が補償金を払うのが決まりです。でも、本来は米兵ないし米軍（米国）が払わなければならない「被害者補償金」を、米軍が値切ったために日本政府が被害者とのあいだの示談交渉の仲裁に入り、米軍が値切った不足分を日本政府が肩代わりするということが起きています。

米兵が犯した犯罪被害の補償を、日本政府が日本国民の税金で肩代わりしてあげるなんて、表に出せるような話ではありません。きわめて重大な問題ですが、表に出ると日本人被害者の人権問題などプライバシーにかかわるので、伏せられたままになっています。

補償金を日本側が負担する理由について、外務省は「米軍の適法行為〔合法行為〕による私人の損害の補償などにつき財政支出を行なっている」（「日米地位協定の考え方」）としていますが、犯罪者の示談金は「合法行為による私人の損害への補償」ではないことははっきりしています。なぜ支払ったのか、その根拠を示させる必要があります。

あとでくわしくふれる沖縄の嘉手納《かでな》基地や普天間基地、神奈川県の厚木基地、東京都の横田基地などの周辺住民が起こした、米軍機の騒音〔爆音〕による被害の救済を求める爆音訴訟でも、過去何度も住民側が勝訴して、そのたびに被害賠償金の支払いを命じる判決を裁判所から受けているのですが、その裁判の賠償金の支払いを米側が拒んだために日本側が全額負担させられるという問題が起きています。

地位協定（第一八条5項e）のとり決めでは、民間人の損害について米軍のみに責任がある場合は、米側の負担率を七五％と定めています。米軍だけに責任があるのに、日本側も二五％は負担しなければならないというのは、そもそも納得がいかない話です。

日米双方に責任がある場合は五〇％ずつ。これはなんとか納得できます。

でも爆音被害は米軍機によるものですから、米国だけに責任があるケースとして、当然米国が賠償金の七五％を払わなければならないことになります。

一九九八年五月に確定した第一次嘉手納基地爆音訴訟の賠償金は一五億四〇〇〇万円で、横田、厚木の各訴訟もふくめた賠償金総額は約二五億二〇〇〇万円でした。協定どおりなら米軍の負担は約一八億九〇〇〇万円です。ところがこの賠償金を日本側が全額立て替えたあと、結局米側は支払いをせず、踏み倒していたことがわかりました。

それなのに外務省は、米国に請求できずにいました。ただでさえ、米軍だけに責任がある場合でも二五％を日本が負担するという非常識なとり決めにもかかわらず、支払い義務を放棄して、賠償金全額を日本に押しつけるというのはいったいどういうことなのでしょうか。

「日本はとても主権国家とはいえない」
「地位協定の改定ではなく、米軍基地を撤去しないと問題は解決しない」

というのが、米軍を訴えた普天間爆音訴訟団の島田善次団長の言葉です。

⑤の「治外法権」についてはＰＡＲＴ２でくわしくふれることにします。

（前）

Q&A ④

なぜ米軍ヘリの墜落現場を米兵が封鎖できるのですか？　その法的根拠は何ですか？

簡単にいうと、米軍の「財産」については、日本政府はなにも手出しができないとり決めになっているからです。だから米軍側が、墜落して飛び散ったヘリの機体や部品を「財産だ」と強弁すれば、その周囲を封鎖して、日本人の立ち入りを拒否することができるのです。

この問題を、歴史をさかのぼって解説すれば次のようになります。

占領期はもちろん米軍は、どんな場所でも封鎖して日本人の立ち入りを拒否することができました。

その後、一九五二年にサンフランシスコ講和条約が発効して日本は独立をはたしますが、そのとき結ばれた日米行政協定には、次のような条項がありました。

「日米行政協定第一七条3項(g)

日本国の当局は、合衆国軍隊〔米軍〕が使用する基地内にある者もしくは財産について、または**所在地のいかんを問わず合衆国軍隊の財産について捜索または差し押さえを行なう権利を有しない**」

この条項は二段階に分かれています。まず前半は、米軍基地内にいる人間や財産については捜索や差し押さえができない。これは基地のなかについては米軍に「基地の自由使用（排他的管理権）」を認めてしまっているので、まあ仕方がないかもしれません。

問題は、太字になっている後ろのほうの条文です。

所在地のいかんを問わず、合衆国軍隊〔米軍〕の財産については捜索や差し押さえができない

これはついうっかり読みすごしてしまいそうになりますが、ものすごい条文です。基地の外側、つまり日本国内のどんな場所にあっても、米軍の「財産」については捜索も差し押さえもできない。ですからヘリの破片を米軍が「財産」だと強弁すれば、たとえ皇居だろうが国会議事堂だろうが、米軍はヘリの墜落現場を封鎖して日本側の立ち入りを拒否する権利を、日本の独立後も変わらずもっていたのです。

しかし、さすがにあまりにひどい主権侵害だったからでしょう。一九五三年にＮＡＴＯ地位協定にならって日米行政協定（第一七条）が改定されたときに、この条文は姿を消します。だから日米地位協定には、もちろんこの条文はありません。

協定を改定しても、米軍の権利は変わらない

ところが、ここが最大の問題なのですが、協定から消えても実態として米軍側の権利はつづいているのです。それはごく一部の人間にしか知らされていなかったのですが、一九五三年の行政協定の改定時に、日米で合意した「事実上の密約」が結ばれていたからです。

「**日本国の当局は、**通常、合衆国軍隊〔米軍〕が使用し、かつ、その権限にもとづいて警備している基地内にあるすべての者もしくは財産について、または**所在地のいかんを問わず合衆国の財産について、捜索、差し押さえ、または検証を行なう権利を行使しない。**（後略）」
（「日米行政協定第一七条を改正する議定書に関する合意された公式議事録」一九五三年九月二九日、東京）

そしてQ＆A①（⇩34ページ）でふれたように、一九六〇年に日米地位協定が結ばれたとき、この条文は日本とアメリカの全権委員による合意事項として、そのまま受けつがれていきます。

ここから少し話は複雑になりますが、しばらくがまんして読んでください。この部分が理解できないと、いま日本で起こっているさまざまな不思議な現象のわけが、まったくわからなくなるからです。

というのも、**現在の世界において超大国が他国を支配する最大の武器は、軍事力ではなく法律だからです。日本がなぜアメリカに対してこれほど従属的な立場に立たされているかというのも、条約や協定をはじめとする法的な枠組みによって、がんじがらめにしばられているからなのです。**

人間を、武器をつきつけて二四時間思いどおりに動かすことはできません。でも法律でしばっておけば、見張っている必要もありません。相手が思いどおりに動かないときに暴力をふる

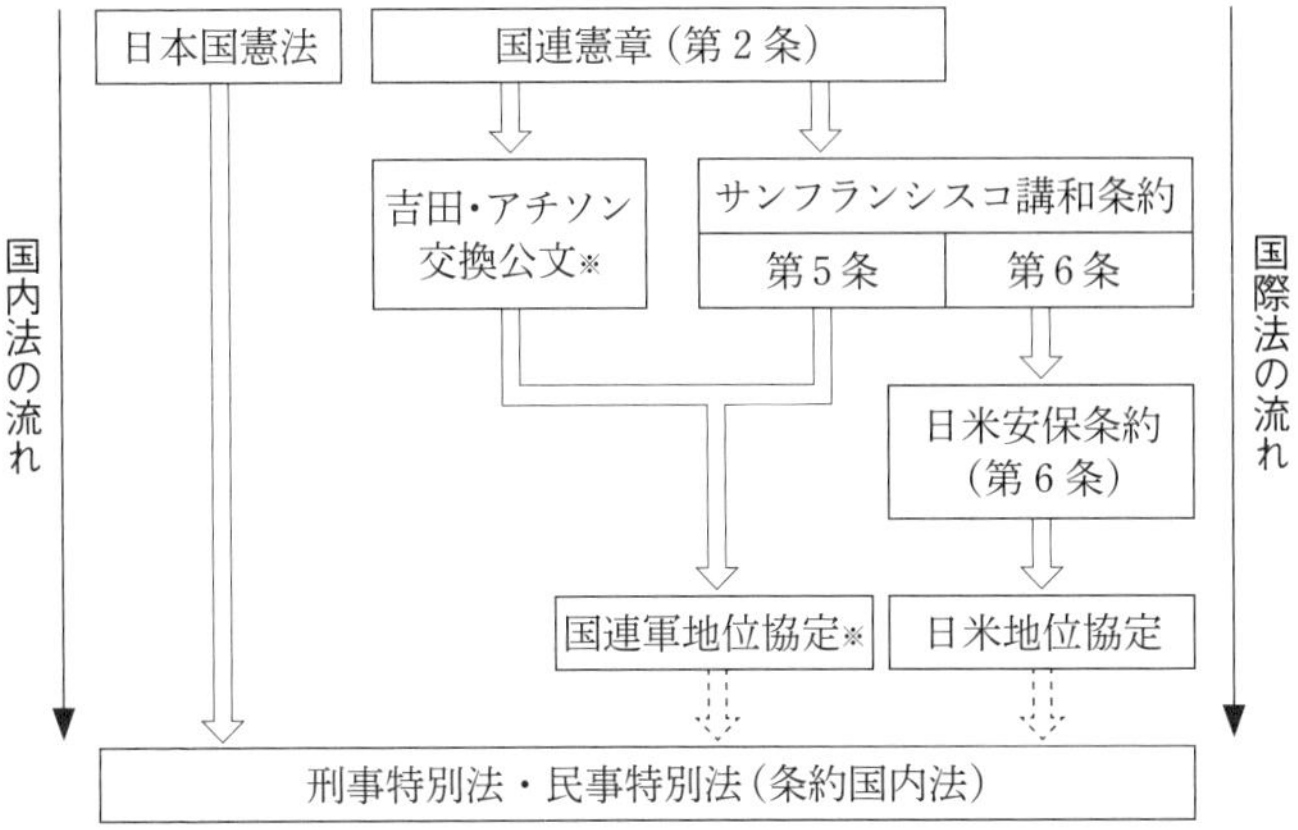

（※「吉田・アチソン交換公文」と「国連軍地位協定」についての説明は、本書では割愛します。詳しくは末浪靖司著『9条「解釈改憲」から密約まで　対米従属の正体』を参照してください）

う必要もありません。その国（支配されている国）の検察や裁判所が、自分たちで自国民を逮捕したり罰したりしてくれるのですから、なんのコストもかからないのです。

　ですからここで、条約や協定という国際法と、われわれが日々の暮らしの基本としている日本の国内法の関係（上図）について説明しておきます。

　すでにお話ししたとおり、米軍は日米地位協定によってさまざまな特権をあたえられています。その権利が日本人によって侵害された場合、たとえば日本人が基地に無断で侵入したり、基地の建物を壊したり、武器を盗んだりした場合、米軍がつかまえて罰するわけにはいかないので、日本の警察がつかまえ、日本の裁判所で裁くことになっています。そのために日本側で特別の法律（条約国内法）がつくられています。

その名前を通称「刑特法《けいとくほう》」（日米地位協定の実施に伴う刑事特別法）といいます。

この刑特法は、当初は、

「旧安保条約にもとづく行政協定にもとづく条約国内法」

として一九五二年五月七日に施行され、安保改定後は、

「新安保条約にもとづく地位協定にもとづく条約国内法」

と名称が変わっています。

さきほどふれた、「米軍基地の中はもちろん、基地の外でも米軍の財産については捜索や差し押さえができない」とした行政協定（第一七条3項g）に対応する、日本の刑特法の条項はこうなっていました（太字部分だけ読めば意味はわかるようにしてあります）。

「日米行政協定の実施に伴う刑事特別法　第一三条

1　（略）合衆国軍隊〔米軍〕の使用する**基地内における**、または**合衆国軍隊の財産についての捜索**（略）、**差し押さえ**（略）または検証**は、合衆国軍隊の権限ある者の承認を受けて**行ない、または検察官もしくは司法警察員からその合衆国軍隊の権限ある者に嘱託して**行なうものとする。**（略）

2　合衆国軍隊の使用する**基地外にある合衆国軍隊要員の身体または財産についても、前項と同様である。**（略）」

1項が基地内について、2項が基地外について決められているのは、行政協定（第一七条3項（g）：⇩88ページ）の構成と同じです。それが、さきほどご説明した一九五三年の改定（NATO地位協定にならって、より平等な協定にするという目的で行なわれました）によってこの条項が削除されると、対応する刑特法もこう変わります。

「第一三条　合衆国軍隊〔米軍〕がその権限にもとづいて警備している合衆国軍隊の使用する**基地内における、または合衆国軍隊の財産についての捜索**（略）、**差し押さえ**（略）**または検証は、合衆国軍隊の権限ある者の同意を得て**行ない、または検察官もしくは司法警察員からその合衆国軍隊の権限ある者に嘱託して**行なうものとする**」

米軍の基地外における特権が消えたのに対応して、刑特法の条項も後段（2）の部分が消えたことがわかります。

しかし、すでにのべたとおり、一九五三年の行政協定の改定時に、日米で合意した事実上の密約（「合意された公式議事録」）によって、こうした改定はすべて無意味なものとなっています。

つまり、外見は、

行政協定改定 ⇩ 刑特法改定 ⇩ 安保条約改定 ⇩ 地位協定成立

となって、何度も日本側にとって有利な改定がされたように見えますが、その裏で国民の目に見えない形で事実上の密約が結ばれ、米軍の権利はなにひとつ手をつけられないまま温存されていたのです。これがQ＆A②で見た、吉田茂以来の日本の「対米従属・秘密外交」の典型的なパターンなのです。

さらにみなさんを驚かせることがあります。こうした「合意議事録」は、国民の目にはほとんどふれなかったとはいえ、文書として公開されたものでした。そのさらに裏側に、まったく公表されない、日米当局（日本側は法務省と検察、警察、裁判所など。米軍側は憲兵隊と在日米軍法務官事務所など）によって合意された「本当の密約」があったのです。

英語の「正文」と、日本語の「訳文（仮訳《かりやく》）」

それがわかったのは、二〇〇八年九月に、国際問題研究家の新原昭治《にいはらしょうじ》さんがアメリカの国立公文書館から発掘した政府解禁文書によってでした。一九五三年に結ばれた五二項目の合意文書のなかの第二〇項「合衆国軍用機の事故現場における措置」には、こう書かれているのです。
（吉田敏浩『密約　日米地位協定と米兵犯罪』毎日新聞社）

「**合衆国軍用機〔米軍機〕**が合衆国軍隊〔米軍〕の使用する**基地外にある公有もしくは私有の財産に墜落または不時着した場合には**、適当な**合衆国の代表者は**、必要な救助作業または合衆国財産の保護をなすために、**事前の承認なくして公有または私有の財産に立ち入ることが許される**ものとする（略）」（アメリカ国立公文書館所蔵資料）

これが、米軍機が事故を起こしたとき、米軍が日本当局の承諾なく民有地への立ち入りができるという、もうひとつの理由となっているのです。

さらにこの条項にはもうひとつ、非常に重要な問題があります。傍点を打った「事前の承認なくして（without prior authority）」という点に注意してください。この合意事項を公開した外務省のホームページでは、同じ条項がこうなっているのです。

「合衆国軍用機〔米軍機〕が合衆国軍隊〔米軍〕の使用する施設または区域外にある公有もしくは私有の財産に墜落または不時着した場合において**事前の承認を受ける暇**〔いとま〕**がないときは**、適当な合衆国軍隊の代表者は、必要な救助作業または合衆国財産の保護をなすため、当該**公有または私有の財産に立ち入ることが許される**」

「事前の承認なく」立ち入ることができるのと、「事前の承認を受ける暇《いとま》がないときは」立ち入ることができるというのでは、意味がまったく変わってきます。後者は、原則としては承認を受ける必要があるが、時間的余裕がないときは受けなくてもよいということ。前者は、もともと承認は不要だということです。

どうしてこんな小細工をするのでしょう?

もちろん、あまりにも従属的な実態を国民の目から隠し、一見対等なような「雰囲気」を出すためです。悲しくなりますね。

そしてここに、戦後の日本外交をつらぬく大問題があるのです。というのも現在、日米で結ばれる安全保障上の重要なとり決めの多くが、英語だけで正文《せいぶん》が作られ、日本語の条文は「仮《かり》訳《やく》」という形になっています。二〇〇五年の小泉内閣の「日米同盟：未来のための変革と再編」もそうですし、二〇一〇年の鳩山内閣の「普天間問題に関する日米共同声明」もそうでした。

そのことの意味は、ふたつあります。右のケースで見たような場合、「正文」を変更して国民をだませば「犯罪」になりますが、ウソの条文を作っても、仮訳《かりやく》なら「誤訳だった」といってごまかすことができる。これがひとつ。

もうひとつは、**日本語の正文が存在しなければ、その条文の「解釈権」が、永遠に外務官僚の手に残されるということです**（このことについてはQ&A⑭でもふれます）。

しかし、これはなにもいまの外務省の担当者だけが悪いわけではありません。Q&A②（⇩55ページ）で中部大学・三浦陽一教授が、吉田内閣の行なったサンフランシスコ講和条約にむけての交渉について、「国会や世論のチェック機能によることを自分から拒否した」ことで、「アメリカ依存の秘密外交の道」を転がっていくことになったとのべていることを紹介しましたが、こうした仮訳を使った国民の目からの隠ぺいという問題は、一九五二年に始まる「戦後日本」が当初から抱えていた悪弊なのです。

サンフランシスコ講和条約の日本語の条文は、「正文」ではなく「仮訳《かりやく》」です

というのも、これを知ったときは本当に驚いたのですが、あのサンフランシスコ講和条約、**日本が占領状態から脱し、国際社会への復帰を決めた輝けるサンフランシスコ講和条約の日本語の条文が、実は「正文」ではなかったのです。**

ウソではありません。まず条文を読んでみましょう。二七条におよぶ条文の最後には、こう書かれています。

「［この条約は］一九五一年九月八日にサンフランシスコ市で、**ひとしく正文である英語、フランス語およびスペイン語により、ならびに日本語により作成した**」

日本語で読むとよくわかりませんが、英語で読むと日本語の条約文が「正文」でないことがはっきりとわかります。

「DONE at the city of San Francisco this eighth day of September, 1951, **in the English, French and Spanish languages, all being equally authentic, and in the Japanese language.**」

「ひとしく正文である（all being equally authentic）」は、あきらかに英語、フランス語、スペイン語だけにかかっており、日本語にはかかりません。正しい訳は「〔この条約は〕ひとしく正文である英語、フランス語およびスペイン語により作成し、あわせて日本語による条文も作成した」となります。

これはなにもこの本の新説ではなく、当時、外務省条約局長で、講和条約と安保条約両方の実務責任者だった西村熊雄氏が、国会でちゃんとこう証言しているのです。

○参議院平和条約および日米安全保障条約特別委員会（一九五一年一一月五日）
「曾禰益《そねえき》君（略）このわれわれの手もとにあります〔サンフランシスコ講和条約の〕日本文というものは、条約上の正文ではないと思いますが、これは訳文ではなくて、日本文というものがひとつの、条約のなんといいますか、テキストになっているかどうか、この点をまずうかがいたいと思います」
「政府委員（西村熊雄君）　第二七条に規定してありますとおりに、条約の正文のひとつでございます。**いや、正文ではございません。日本語によって作成したとありますから、なんと申しましょうか、正文というのは当りませんが、公文とでも申しましょうか、公文であって、訳文ではございません**」

つまり、この答弁の二週間後（一一月一八日）に国会で承認手続きを終えることになる条文が、正文でないことは認めながら、それは国家として正式に翻訳したものであるから、たんなる訳文ではないと釈明しているのです。

なぜ、輝ける日本の再出発にあたってこんなことになってしまったのか。サンフランシスコ講和条約というのは、正式な名称は「日本国との平和条約（Treaty of Peace with Japan）」。第二次世界大戦における日本と連合国との戦争状態を終結させるため、日本と四八カ国とのあいだで結ばれたものです。ですから本来、日本語の正文がないことなどありえないように思えるのですが、実はこうした講和条約（平和条約）において、敗戦国側の正文が作られないことは前例のないことではありません。普通の条約とちがって、対等な立場で結ばれるものではないからです。

たとえば非常に懲罰《ちょうばつ》的な内容を一方的に押しつけられたことで有名な、第一次大戦の終結時にドイツと連合国とのあいだで結ばれた講和条約（ヴェルサイユ条約）も、正文はフランス語と英語でつくられており、ドイツ語のものはありません。

同じくサンフランシスコ講和条約も、セットとなった日米安保条約と日米地位協定まで含めて考えれば、実は独立国としてはありえないほど主権を侵害されたものでした。ですから当時の状況から考えると、日本語の正文がないこともありえない話ではないのですが、問題はその事実が二重三重の隠ぺいによって国民の目から隠され、あたかもそれが対等な形で結ばれた、非の打ちどころのない講和条約だったように演出されてきたところにあるのです。

　では日本の国際政治学会のトップ、つまり安保村の学者たちはこの正文問題をどう説明しているのでしょう。

　元東京大学副学長で、国際政治学会の前理事長でもある田中明彦氏は、日本における国際政治学の第一人者です。彼は二〇〇三年三月に、

「アメリカを支持しない危険は、日本にははかりしれないほど大きいと思う」（「毎日新聞」二〇〇三年三月九日）

　と書いてイラク戦争を強く支持したことで有名な、まさに安保村の中心にいる研究者ですが、東大教授時代に「データベース　世界と日本」という六〇〇〇件以上の国際政治文書を一般公開した素晴らしいサイトを作っています。（http://www.ioc.u-tokyo.ac.jp/~worldjpn/）

　普通の個人が、国際政治関係の文書を読んだり、日本語訳を入手したりするのは大変ですから、これは高く評価されるべき業績だといえるでしょう。

　ところがその素晴らしい資料収集サイトのなかで、サンフランシスコ講和条約の正文問題がどうあつかわれているかというと、ここまで議論してきた部分の訳はつぎのようになっています。

「**DONE**（…）in the English, French and Spanish languages, all being equally authentic, and **in the Japanese language.**」

⇩

「ひとしく正文である英語、フランス語およびスペイン語により、並びに**日本国により作成した**」（田中明彦研究室訳）〔二〇一三年三月八日現在〕

……。絶句するしかありません。これはいくらなんでもひどくないでしょうか。

どうして「in the Japanese language」が「日本国により」になるのか。さすがに合理的な説明はできないでしょう。つまりは自分たちの説明したい内容にあわせて、勝手に条文を書きかえているのです。田中明彦・元東京大学副学長は、前出の「データベース　世界と日本」をつくったことからもわかるように、もともと非常にリベラルで真摯《しんし》な情熱にあふれた研究者だったはずです。ところが安保村の住人になってしまうとこのように、中学一年生レベルの英訳文も正しくつくることができなくなってしまうのです。

田中氏は安保村にとってよかれと思ってこのような「意図的な誤訳」をしたのかもしれません。しかし、彼のこの行動自体が、サンフランシスコ講和条約の日本語の条文が正文ではなく、あとからいくらでも書きかえられる「仮訳《かりやく》」であることを証明してしまっているのです。

日本が国際社会に復帰するにあたって結んだ記念すべきサンフランシスコ講和条約に、日本語の正文がなかったこと。そしてその事実が安保村の東大教授たちによってずっと隠ぺいされてきたこと。これは「戦後日本」という国の本質を考えるうえでもっとも重要な事実のひとつといえるでしょう。

旧安保条約についても、条文の最後に、

「一九五一年九月八日にサンフランシスコ市で、**日本語および英語により、本書二通を作成した。**(**DONE in duplicate** at the city of San Francisco, **in the Japanese and English languages,** this eighth day of September, 1951.)」

と書かれています。「本書二通(in duplicate)」とは英文と日本語文が同じ内容をもつということで、「ひとしく正文である(all being equally authentic)」とは意味がちがいます。事実、これから約八年後に調印された新安保条約では、

「ワシントンで、**ひとしく正文である**日本語および英語により**本書二通**を作成した(Done **in duplicate** at Washington in the Japanese and English languages, **both equally authentic,**)」

となっています。両者の条文を比較すると、講和条約締結の前夜に大あわてでつくられた旧安保条約の日本語の条文も、やはり仮訳《かりやく》だったといえるでしょう。

対米従属の起源がここにある

このように、「戦後日本」のもっとも重要な基礎であるべきサンフランシスコ講和条約に正文がなかったこと。そしてその講和条約に入れられないほどひどい条文は、国民の目にふれない形で安保条約に入れられ、さらにその安保条約にも入れられないほど売国的な条文は、講和条約の調印から半年後につくられた日米行政協定のほうに押しこまれてしまったこと。戦後日本の国際社会への復帰は、そうした何重もの隠蔽《いんぺい》の上に行なわれたものだったのです。

何度もくり返すようですが、サンフランシスコ講和条約の歴史研究の第一人者である三浦陽一・中部大学教授は吉田外交の最大の欠点を、「国会や世論のチェック機能にたよることを自分から拒否した」ことで、「アメリカ依存の秘密外交の道」を転がっていくことになったとのべていますが、まったくそのとおりだと思います。そしてそれが、現在までつづく「戦後日本」の極端なまでの対米従属路線の起源となったことは、あらためて指摘するまでもないでしょう。

というわけで、ここまで細かな条文をたどりながら、沖縄国際大学へのヘリ墜落事故の法的位置づけを見てきました。条約と国内法、条約改定と密約、正文と仮訳など、少しこみいっていたかもしれません。しかし最後に大きくまとめていうと、細かく複雑なのは日本側から見たときの風景だけで、米軍側から状況を見れば、おどろくほど単純なのです。

つまりそれは、

「米軍はなにも制約されない。日本国内で、ただ自由に行動することができる」

ということです。

なぜそれが日本側にとって複雑に見えるかというと、本来絶対あってはならないそうした植民地的状況を、なんとか独立国の法体系のなかに位置づけるふりをしようとしているからなのです。それが沖縄だけの問題ではないということを、次のQ＆A⑤で説明したいと思います。

（矢）

Q&A ⑤

東京大学にオスプレイが墜落したら、どうなるのですか？

答えは、沖縄国際大学のケースと同じです。東京大学にオスプレイが墜落し、安田講堂に激突、炎上して破片が広範囲に飛び散ったとき、米兵は正門や赤門を封鎖して、警視総監の立ち入りを拒否することができます。

ただ、この問題についてはもう少し説明が必要です。つい最近まで、米軍の現実上の運用は、本土と沖縄であきらかに基準がちがっていました。沖縄でいくらメチャクチャなことをしても、本土ではそれほどひどいことはしない。そして沖縄の情報が本土に伝わらないよう、情報の行き来を遮断《しゃだん》するという戦略をとっていたように思います。

よくおぼえているのですが、沖縄国際大学に米軍ヘリが墜落した日、私〔前泊《まえどまり》〕はちょうど日本ジャーナリスト会議（ＪＣＪ）大賞の表彰式（ＰＡＲＴ２でふれる「外務省機密文書」のスクープ報道に関し、仲間と共に受賞しました）に出席するため、東京に向かうことになっていました。

ヘリ墜落事故をうけて沖縄は大騒ぎになり、新聞は号外を出し、翌日の朝刊も当然一面トップ、社会面でも大きく報道しました。私はその号外をもって、授賞式にのぞみました。

ところがその夜のＮＨＫニュースが報道したのは、

①　巨人軍の渡辺オーナー電撃辞任
②　谷亮子《りょうこ》金メダル獲得
③　野村忠弘《ただひろ》金メダル獲得

の順で、ようやく四位が沖縄国際大学への米軍ヘリ墜落事件でした。まったくひどい話だと、心底腹が立ったことをおぼえています。

しかし、今回のオスプレイの本土での低空飛行訓練計画をみてもわかるとおり、とくに野田政権になってから、本土と沖縄の差があまりなくなってきたように感じます。**以前からささやかれていた「本土の沖縄化」が、ついに仕上げの時期に入ったといえるのかもしれません。**

本土での米軍機墜落事故

以前は本土では、沖縄国際大学で起きたような乱暴なことはできませんでした。

たとえば一九六八年六月の九州大学（福岡県）への米ファントム機墜落事故、一九七七年九月の横浜市緑区での米ファントム偵察機墜落事故、一九八八年六月の愛媛県伊方《いかた》原発近くでの米軍ヘリ墜落事故の三件では、米軍は日本の警察などの現場検証を認めていたのです。

九州大学の事故では、大学内の大型計算機センター（建設中）が炎上し、五階と六階が全壊しました。当日は日曜日で怪我人はでなかったものの、ファントム機の残骸が建物にぶら下がった状態となりました。しかし大学側も学生側も米軍による残骸の撤収を拒否し、その後七カ月間、事故が起こった状態のまま放置されていました。

九州大学に墜落した米ファントム機の機体（写真：共同通信社）

その状態について、国会で「米軍は無許可で機体の撤収ができるのか」と質問された当時の内閣法制局は「無断で入ることは許されない」と答弁していました。沖縄国際大学とまったく同じケースだったにも関わらず、「米軍にそうした権利はない」と、はっきりのべていたのです。当時はあきらかに、沖縄と本土で政府の対応は異なっていたのです。

横浜市緑区での事故では、厚木基地から太平洋上の航空母艦に向けて飛びたったファントム偵察機が、離陸直後にエンジン火災を起こし、乗員二名はパラシュートで脱出、操縦士のいなくなった機体は横浜の住宅地に墜落、炎上しました。痛ましいことにこの事故で、一歳と三歳

横浜市緑区での米ファントム偵察機墜落事故
(写真：共同通信社)

の男の子が全身やけどで翌日死亡、母親も精神的ダメージがひどく、四年後に死亡、他に市民六名が負傷しました。

沖縄国際大学の米軍ヘリ事故では「米軍の捜査権」を認めた外務省も、このときは報道陣を米兵が力づくで排除した問題に対し、「米軍の基地外で米軍人が警察的権力を行使する権利はない」としていました。

さらにもうひとつ、非常に気になる事故があります。一九八八年六月、愛媛県の伊方《いかた》原発の後ろにある山の斜面に普天間基地所属の米軍ヘリCH53Dが激突、バウンドして山頂を飛び越え、反対側の斜面で大破。乗組員七人が全員死亡しました。最初、斜面に激突したときにヘリがバウンドせず下に落ちていたら、原発に激突して大惨事になっているところでした。

このときも米軍は愛媛県警との合同現場検証を実施していました。このように、かつては日米地位協定の運用において、本土と沖縄にはあきらかなちがいがあったのです。

「ガイドライン（指針）」の作成が、植民地状態を固定化してしまった

しかし、その後、沖縄国際大学への米軍大型ヘリ墜落事故の処理をめぐって、事態は意外な

方向へ進むことになります。

まず事件が起きた当初は、沖縄の住民たちの怒りが爆発しました。日本国内であるにもかかわらず、米軍が日本の公的機関を無視して権力を行使する。それは日本が戦後六〇年たったにもかかわらず、いまだアメリカの植民地状態にあることをあきらかにする出来事だったからです。

占領されていた時代はしかたがありません。また現在でも、基地のフェンス内ならどうしようもないでしょう。しかしこれは米軍基地の外側の、多くの学生が学ぶ教育機関で起きた事故です。にもかかわらず、米軍が民間地域で司法権（捜査）と行政権（封鎖）を行使するという信じがたい事態が現実のものとなりました。

事故後、普段はアメリカにあまりものをいわない外務省の幹部でさえ、現場への立ち入りを米軍に拒否され、「おかしい」と激怒したほどです。

県民が猛反発したことで、日本政府は事態を重視し、日米合同委員会で事故対策について協議を重ねました。事故が起きたときの現場の規制については、事故後に日米合同委のもとに設けられた「特別分科委員会」で議論され、二〇〇五年三月三〇日に指針案がまとめられました。

その結果、事故から八カ月が過ぎた二〇〇五年四月一日、ようやく「米軍基地外での米軍機事故に関するガイドライン（指針）」が策定され、日米で合意されたのです。

ところが、沖縄県民の怒りを原動力として作られたはずのこのガイドラインが、逆に日本全土の植民地状態を固定化する結果につながってしまったのです。

というのも、ガイドラインの主な内容は、墜落事故が起こると、事故現場の周囲に内側と外側、ふたつの規制ラインをもうけて、

(1) 内側の規制ラインは日米共同で規制する
(2) 外側の規制ラインは日本側が規制する
(3) 事故機の残がいと部品は米側が管理する

というものだったからです。

くわしく説明しましょう。事故が起こります。すると現場に到着した日本の警察は、すぐに現場に「外側の規制ライン」（外周規制線）を設定して、「見物人」が立ち止まったり、中に入らないように規制します。一方、「内側の規制ライン」（内周規制線）には、立ち入りポイントをもうけて、日米双方がそこに責任者を配置し、事故現場への立ち入りを求める人たちに対し、立ち入りを認めたり、拒否したりします。

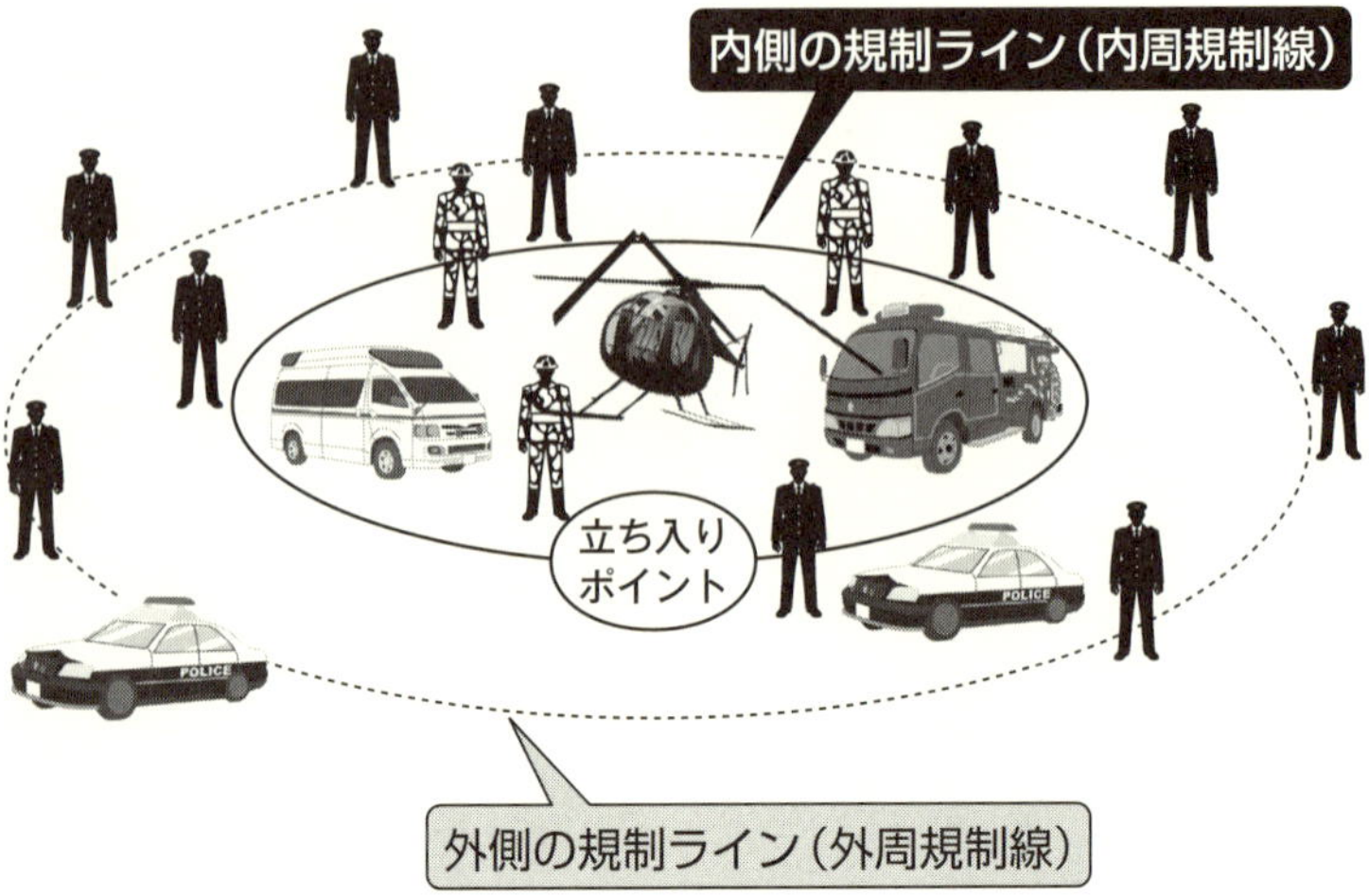

　こう書くと、一見、日米が共同で事故現場を管理しているように見えますが、これは単純なトリックです。ポイントは、前ページの(3)にある「事故機の残がいと部品は米側が管理する」という項目です。つまり、「内側の規制ライン」のさらに内側にある事故機の残がいには、米軍側しかふれられない。よく考えると、事故現場を封鎖する規制ラインが一本の細い線から二本の線にはさまれた帯状の線になっただけで、「規制ラインの内側は米軍が管理し、外側は日本側が管理する」という状態には変わりがないのです！

　これでは米軍機が事故を起こした場所は、日本の国内にもかかわらず、基本的に米軍の指揮下におかれ、日本国民が米軍の命令にしたがわなければならないことになります。報道関係者も、事故現場周辺の住民も、米軍側の判断によっては「見物人」と見なされ、その場から排除される可能性さえあるのです。

つまり**今回のガイドラインは、沖縄国際大学で起きた墜落事故のときの無法状態を、正式に文書化して認めてしまうものだったのです。**

このようにガイドラインはたしかにできたのですが、よく読んでみると以前の状況とまったく変わっていませんでした。しかもたちが悪いことに、今回は「日米合同委員会」でそのことを正式に合意してしまったのです。ですから以前なら本土では行なわれなかった、日本側を排除した形での現場検証が、今後は本土でも普通になっていくでしょう。

ですから「はじめに」でもお話しした「もしも東京大学にオスプレイが墜落したら」という想定は、決して架空の話ではありません。沖縄国際大学と同じく、東京大学に米軍ヘリが落ちて、構内が封鎖されてしまう可能性だって、実はじゅうぶんにあるのです。

なぜなら次のQ&A⑥でお話しするように、オスプレイが東京の上空を飛ぶ可能性だって本当にあるからです。そのことをご説明したいと思います。

（前）

Q&A ⑥

オスプレイはどこを飛ぶのですか？なぜ日本政府は危険な軍用機の飛行を拒否できないのですか？また、どうして住宅地で危険な低空飛行訓練ができるのですか？

オスプレイは、日本全国を飛ぶ可能性があります。

なぜ日本政府が危険なオスプレイの訓練を止められないかといえば、あとでくわしくのべますが、米軍機には日本の国内法もアメリカの国内法も適用されないからです。ですからアメリカ本国内ではとてもできないような危険な低空飛行でも、日本では行なうことができるのです。

それを法律上の言葉で説明すると、米軍機は日本の航空法の「適用除外」になっているということになりますが、これもあとで説明します。

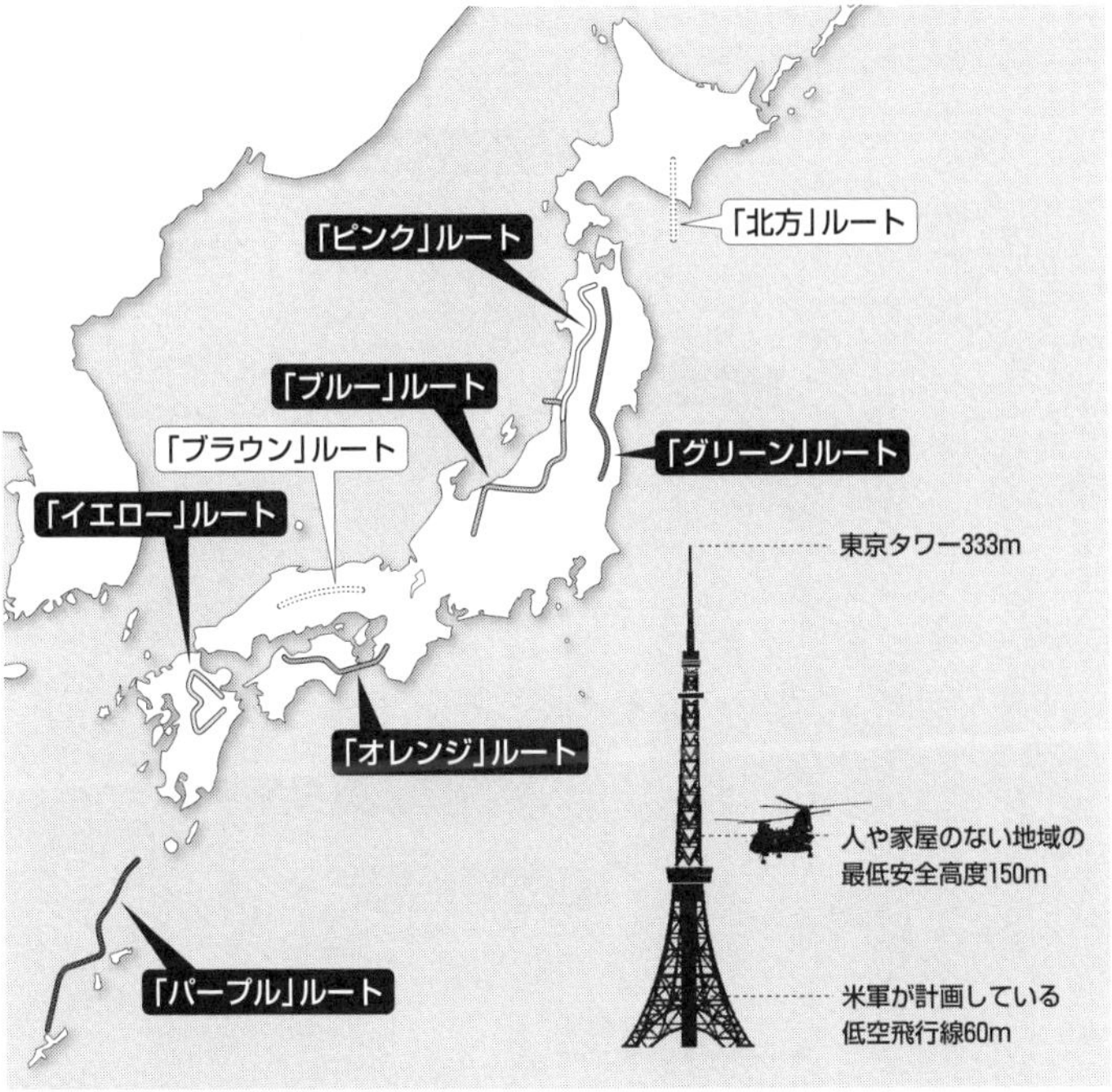

まず上の図を見てください。いまのところ、オスプレイはこの図のとおり、本土で五つ、沖縄近海でひとつ、計六つのルートで低空飛行訓練を行なうことが公表されています。他にも岩国基地に近い岡山―広島と島根―鳥取の中間にある山間部に「ブラウンルート」という七つ目のルートの存在も指摘されています。また今回のオスプレイの訓練との関係ではふれられていませんが、北海道にも「北方ルート」という訓練ルートが設定されています。

でも、よく考えてみましょう。それぞれの訓練ルートにはどうやっていくのでしょうか。基本的にオスプレイは、

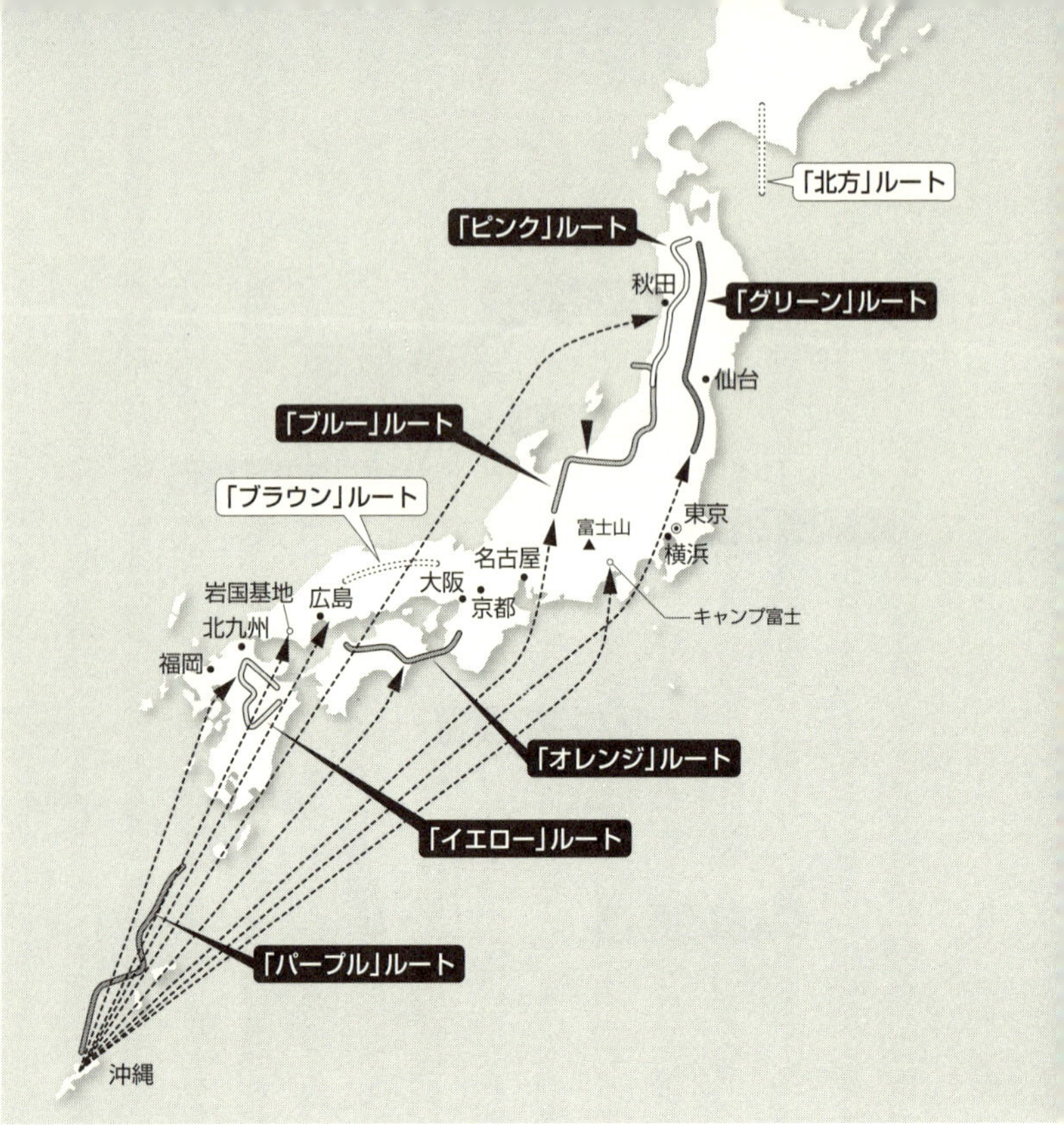

沖縄に配備されるはずでしたよね。そうです。実際は上の図のとおり、訓練ルートに到達するまで、本土のさまざまな場所の上空を通るのです。考えてみれば、当然ですよね。ワープできるわけじゃありませんから。「はじめに」でふれたように、全部で二一県一三八市町村の上を飛行します。

図を見るとわかるとおり、東京や横浜、大阪や名古屋の近くも飛ぶことになります。実際には沖縄からだけでなく、岩国・キャンプ富士・厚木・三沢などの米軍基地からも離発着するわけですから、日本列島の上空をおおうオスプレイの飛行ルートは、もっとずっと多くなります。

ですからQ&A⑤でのべた「もしも東京大学にオスプレイが落ちたら」という仮定も、決して冗談ではないのです。

こうしたことはおそらくみなさんは、今回のオスプレイ騒動で初めてお知りになったと思います。しかし実はずっと以前から米軍は、こうした本土内のルートで飛行訓練をしているのです。また、訓練ルートに指定されていない地域の上空も、ある基地から別の基地への移動（「基地間移動《きちかんいどう》」といいます）であるという口実で、事実上、日本全国のどの場所も飛ぶことができるのです。

一方、日本の航空機は、71ページで見たように、首都圏に米軍が管理する巨大な空域があるため、東京・大阪間という大動脈でさえ、非常に不自然なルートを飛ばねばならなくなっているのです。

自分の国でさえできない危険な訓練を、どうしてよその国でやることができるんだ？

みなさん、怒りとともにそう思われると思います。日本のような法治国家で、どうしてそんなことが起こるのかと。

「はじめに」で書いたように、オスプレイは高度六〇メートルでの訓練が想定されています。なぜ米軍機が、そのような超低空飛行ができるのか。それを知るために、少し遠まわりになりますが、逆に考えてみましょう。

なぜ日本の航空機はそんなことができないのでしょうか。

まずどんな国にも、飛行機が安全に飛ぶためのルールを定めた「航空法」という法律があります。当然ですね。

もちろん日本にも立派な航空法があります。低空飛行に関係のある条文を見てみましょう。

「航空法　第八一条（最低安全高度）

航空機は、離陸または着陸を行なう場合をのぞいて、地上または水上の人または物件の安全および航空機の安全を考慮して**国土交通省令で定める高度以下の高度で飛行してはならない。**ただし、国土交通大臣の許可を受けた場合は、このかぎりでない」

うん。なかなかちゃんとしていますね。ただ問題は最低高度が具体的に書いてなく、「国土交通省令で定める高度以下の高度」となっているところです。ひょっとしてここがあやしいのでしょうか。国土交通省令を見てみましょう。

〔国土交通省令〕航空法施行規則　第一七四条（最低安全高度）

法第八一条の規定による航空機の最低安全高度は、次のとおりとする。

一（略）飛行中動力装置のみが停止した場合に、地上または水上の人または物件に危険をおよぼすことなく着陸できる高度および次の高度のうちいずれか高いもの

イ　**人または家屋の密集している地域の上空にあっては、**当該航空機を中心として水平距離六〇〇メートルの範囲内の**もっとも高い障害物の上端から三〇〇メートルの高度**

ロ　**人または家屋のない地域**および広い水面の上空に**あっては、地上または水上の人または物件から一五〇メートル以上の距離を保って飛行することのできる高度**」

「法第八一条」というのは、右ページの「航空法　第八一条」のことです。国土交通省令もやはりちゃんとしています。簡単にいうと、人口密集地では「もっとも高い障害物の上から三〇〇メートル」、それ以外では「地面や建物などから一五〇メートル」が最低安全高度ということです。

適用除外

ではなぜ米軍機は住宅地を低空飛行できるのか。それは日本の国内法として、次の特例法があるからです。

「日米地位協定と国連軍地位協定の実施にともなう航空法の特例に関する法律
（一九五二年七月一五日施行）

3項
前項の航空機〔米軍機と国連軍機〕およびその航空機に乗りくんでその運航に従事する者に**ついては、航空法第六章の規定は、**政令で定めるものをのぞき、**適用しない**」

これは本当に驚きです。右の特例法で「適用しない」となっている「航空法・第六章」とは、さきほどご紹介した最低安全高度について定めた「航空法　第八一条」をふくむ航空法の五七条から九九条までをさします。**「航空機の運航」について定めたその四三もの条文が、まるまる「適用除外」となっているのです。そのなかには「危険を生じる恐れがある区域の上空」を**

飛ぶことを禁じた条項もあります。つまり米軍機はもともと、高度も安全も、なにも守らなくてよいのです。

冒頭のQ&A①で、

「米軍の構成員は、旅券〔パスポート〕および査証〔ビザ〕に関する**日本国の法令の適用から除外される**」（日米地位協定　第九条2項）

という条文を紹介しました。そのため米軍やおそらくCIAの関係者は、なんのチェックも受けず、日本国内に自由に出入りできるのだと。この「法律の適用除外」という概念がどれほど恐ろしいものか、それがいま日本社会にどれほど深刻な被害をもたらしているか、このあと少しずつ説明していきたいと思います。

日本人を標的《ターゲット》にした軍事演習

オスプレイの配備をめぐって、いちばん緊迫しているのは沖縄の高江《たかえ》の反対運動でしょう。本土のみなさんはあまりご存じないかもしれませんが、高江は沖縄の北部、やんばる（山原）とよばれる山間地にある人口一六〇人の小さな集落です。この集落をかこむように米軍のヘリパッド（ヘリコプター着陸帯）が六カ所もつくられることになり、反対運動がつづいています。

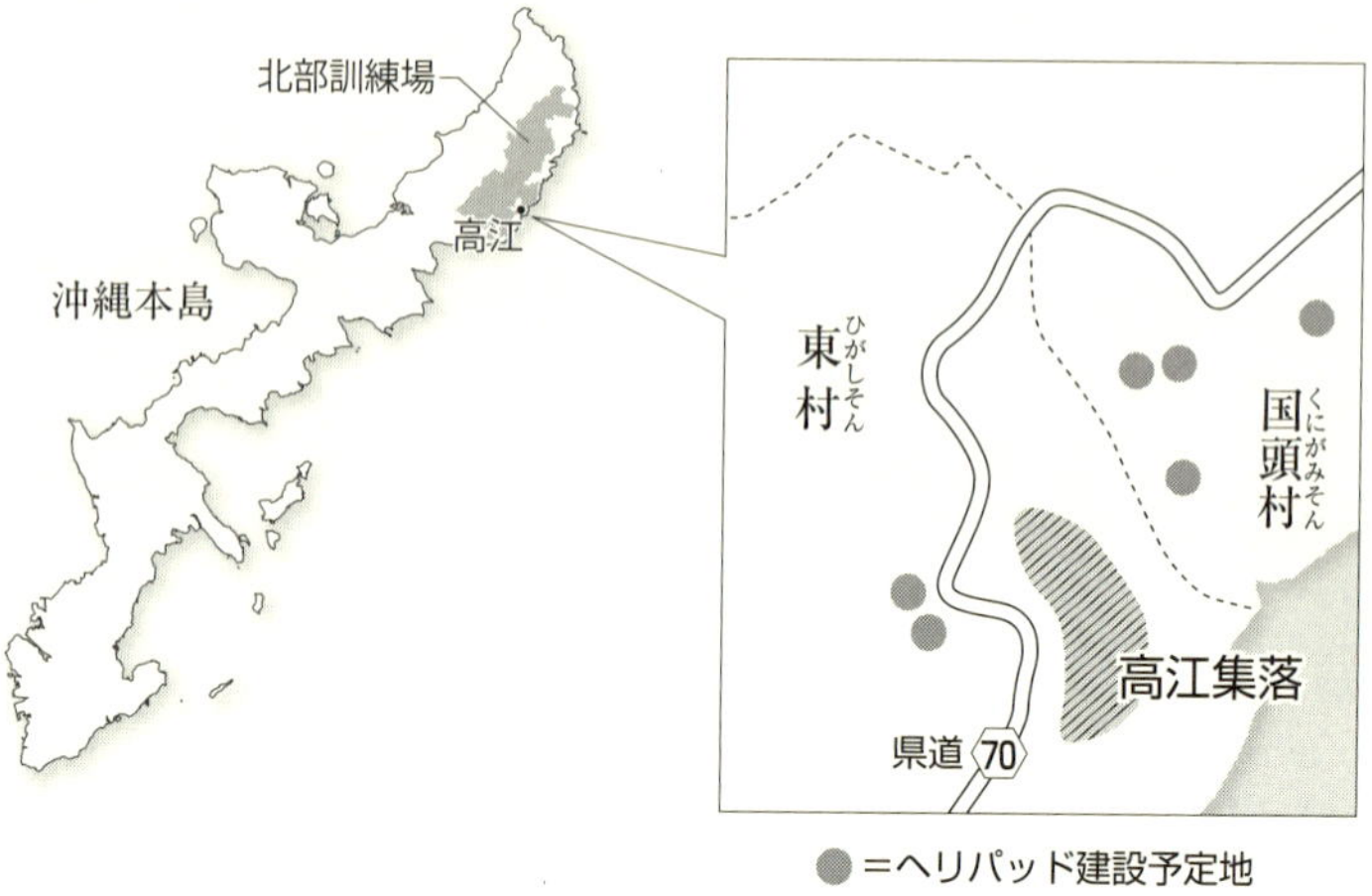

上の図を見てください。六つのヘリパッドにとりかこまれるようにしてあるのが高江です。

なぜこの高江でそこまで反対運動が起こっているかというと、本土では信じられないような歴史がこの集落にはあるからです。

126ページの写真を見てください。これはなんと、ベトナム戦争が行われていた一九六〇年代に、米軍が高江に作った「ベトナム村」なのです。

ベトナムでのゲリラ戦にそなえるため、米軍はこうしたベトナム風の家を建ててそこに家畜を飼い、実戦さながらの軍事演習を行なっていました。そして信じられないことに、高江の住民をかりだしてベトナム人のかっこうをさせ、ベトコンを探しだしてつかまえる訓練を行なっていたのです。（琉球朝日放送「標的の村」二〇一二年九月二日）

「米第三海兵師団は、八月二六日、東村《ひがしそん》高江—新川《あらかわ》の

対ゲリラ戦訓練場でワトソン高等弁務官〔沖縄統治の最高責任者〕（略）らの観戦のもと、「模擬ゲリラ戦」を展開した。この訓練には乳幼児や五、六歳の幼児をつれた婦人をふくむ約二〇人の新川《あらかわ》区民が徴用《ちょうよう》され、対ゲリラ戦における南ベトナム現地部落民の役目を演じさせられた。作戦は米海兵隊一個中隊が森林や草むらに仕かけられた針や釘のワナ、落とし穴をぬって「ベトコン」のひそむ部落に攻め入り、掃討するという想定のもとに行なわれた。

その日、米軍は新川区からつれてきた人びとを、南ベトナム現地民の住む家として作った茅《かや》ぶき小屋におしこめ、その中に仮想ベトコン二人を潜伏させた。（略）「対ゲリラ戦」は五〇人の海兵隊員が彼らを悩ましている「ベトコン」二人をとらえ、筋書どおりの「成功」をおさめて終わった」（沖縄人民党中央機関紙「人民」一九六四年九月九日）

この問題を長年追いかけている琉球朝日放送の三上智恵《みかみちえ》ディレクターによると、こうした日本人を標的《ターゲット》にした演習は、現在もつづいている可能性が高いのだそうです。たとえば最近でも住民のなかには、低空飛行するヘリのなかから、兵士の顔がはっきり見える距離で銃を向けられた人もいるからです。

「CH46の窓をオープンにして、僕らが座ってるところを見ながら、旋回しますからね。わざと、〔電信柱よりちょっと高いくらいのところを〕低空でばばばばっと」

小高い丘の上に「貴賓席《きひんせき》」のような場所をつくり、そこから「ベトナム村」で行なわれている軍事演習を見おろす米軍幹部たち。高江の住民たちが徴《ちょう》用《よう》され、ここでベトナム人の役を演じていた（写真：沖縄県公文書館）

沖縄の国道一号線ぞいにあるキャンプ・キンザーで訓練する米兵たち（写真：琉球新報）

「なんで高江を囲んでヘリパッドをつくるかというと、人がいるところを想定した訓練をやってるんだと思う」（宮城《みやぎ》勝己《かつみ》さん）

高江の人たちは、米軍が高江の集落を六つのヘリパッドでとり囲んで、昔のような演習をやるのではないかと心配しているのです。

これは決して心配のしすぎではありません。沖縄の本土復帰後も、高江をふくむ沖縄北部では、村のなかで実弾を使った演習が行なわれたり、道を走る車に向かって銃の照準をあわせる訓練などが、日常的に行なわれていました。

昔の話だけではありません。上の写真を見てください。これは沖縄の国道五八号線という、東京でいうと国道一号線のような本当の町の真ん中で撮影されたものですが、昨年（二〇一二年）の二月、約四〇名の米兵が、フェンスからすぐ近くのところで腹ばいになって銃をかまえて訓練する姿が撮影されました。数年前には五八号線に向けて銃をかまえて訓練する様子も目撃されています。**つまり米軍は、基地のなかだけでなく、沖縄県民を対象にして、いまでも軍事演習を行なっているのです。**

あとでお話ししますが、実は安保条約について私たちは、それを「米軍に基地を提供する」条約だと思っていますが、少なくとも旧安保条約はそうではなく、「日本およびその周辺に米軍を配備する権利」についてのとり決めだったのです。

沖縄のこうした状況を見ていると、米軍は現在でも、旧安保条約のころとほとんど変わらない意識でいることがよくわかります。米軍機は沖縄本島全体の上空を飛びまわっていますし、米兵が普通に生活する日本人に対して銃の照準をあわせて演習を行なうなど、そうでなければ考えられないことが起こっているからです。

琉球朝日放送の番組は、高江の過酷な現状を「標的の村」と見事に表現しました。そしてオスプレイの低空飛行訓練ルート（⇩118ページ）が私たちに告げるのは、米軍の演習の標的となっているのは、高江や沖縄だけでなく、日本全体だということです。まさに日本列島全体が、「標的の島」となっているのです。

（矢）

ひどい騒音であきらかな人権侵害が起きているのに、なぜ裁判所は飛行中止の判決を出さないのですか？

二〇一〇年七月二九日、福岡高等裁判所・那覇支部で、「普天間基地爆音訴訟《ばくおんそしょう》」の控訴《こうそ》審《しん》判決が言いわたされました。訴訟の内容は、激しい騒音（爆音）による住民の被害を訴え、補償を求めると同時に、今後被害をおよぼすような米軍機の飛行について差し止めてほしいというものでした。しかし裁判所が下した判決は、「損害賠償は認めるが、米軍機の飛行差し止めは棄却する」というものでした。

「騒音（爆音）被害と損害賠償は認めるが、原因となっている米軍機の飛行は止めない」

「???」と思いますよね。たとえれば、「暴走族による被害は認めるけど、暴走族の暴走行為は今後も止めない」といっているようなものです。それでは住民は、暴走行為による被害をずっと受けつづけることになります。いったいなんのために裁判所は存在するのでしょうか？

しかし、これは普天間基地にかぎりません。沖縄の嘉手納《かでな》基地や、本土の厚木基地、横田基地などでも起きている、米軍機を対象とした爆音訴訟に共通した判決結果なのです。しかも、こうした判決は数十年前からずっと変わっていないのです。

米軍基地から被害を受ける基地周辺の住民は、裁判で勝訴しても、お金はもらえるけど、その後もあいかわらず被害を受けつづけることになります。そしてまた「米軍機の飛行差し止め」を求めて訴訟を行なっては、また勝訴して賠償金を受けとるものの、またしても飛行差し止めにはならない。そこでまた爆音被害を受けて訴訟に踏み切る……。えんえんとそれをくり返しているのです。

こんな訴訟が沖縄だけでなく、本土でも行なわれていることを、みなさんは信じられますか？

普天間基地の爆音訴訟

米軍機の爆音訴訟について、沖縄の普天間基地を例にくわしく見てみましょう。

鳩山政権以来、本土でもすっかり有名になった普天間基地は、人口約九万人が住む宜野湾《ぎのわん》市の中心部に位置しています。本土ではときどき、

「最初に基地があって、住民はあとから来たんだろう。だから文句をいうな」

というようなムチャクチャなことをいう人がいますが、この基地はもともとほとんどが私有地でした。一九四五年四月の沖縄戦で、沖縄本島に上陸した米軍が、住民を収容所に強制収容したあと、宅地や農地などを次々と接収して建設した基地なのです。

その面積は宜野湾市全体の約三二パーセントを占めています。市の中心部に位置しているため、周辺には住宅が密集して、学校や病院などが数多く建っています。

普天間基地は、岩国基地とともに在日米海兵隊の中核的な航空基地です。固定翼機やヘリコプターが多数配備されていて、日常的に離発着訓練や旋回訓練を頻繁に行なっています。そのため基地周辺の住民は、日々、米軍機による基地騒音による健康被害（難聴、高血圧、不眠症）、精神的被害、生活妨害、睡眠妨害などをこうむっているほか、米軍機の低空飛行による墜落の

恐怖を感じつづけているとして、米軍機の飛行中止を求めて再三、国を訴える爆音訴訟を起こしてきました。

これまでの裁判で、原告である住民側は健康被害に加え、低出生体重児《ていしゅっせいたいじゅうじ》（出生時の体重が二五〇〇グラム以下の子ども）、幼児の問題行動、低周波による健康被害などもデータにもとづいて訴えてきました。

すでにお話ししたとおり、裁判中の二〇〇四年八月一三日には、普天間基地を飛びたった米軍の大型輸送ヘリコプターCH53Dが普天間基地に隣接する沖縄国際大学構内に墜落・炎上しています。

このため訴えた住民たちは軍用機墜落の危険性や墜落の恐怖についても重ねて訴訟のなかで訴え、飛行中止を強く求めるようになりました。

普天間爆音被害の特徴は「W値」といわれる「うるささ指数」では測れない、墜落の具体的不安、ヘリコプターによる低周波騒音、爆音による健康被害（とくに虚血性心疾患のリスク）などが多いことで、訴訟においてもその基地としての欠陥性が訴えの内容となっています。

訴訟では当時現職の宜野湾市長だった伊波洋一《いはよういち》氏の証言も行なわれ、伊波市長は普天間基地の基地としての危険性、不適格性、騒音防止協定がまったく守られていない状況などを説明しています。

その判決は二〇一〇年七月二九日、福岡高裁・那覇支部で言いわたされました。

結果はどうだったでしょう。普天間爆音訴訟は夜間・早朝の飛行差し止めと損害賠償を求めた裁判でしたが、先ほどふれたように判決は、爆音被害を認めて「損害賠償」も認めたものの、米軍機の飛行差し止めは棄却しました。

裁判所は判決で、海兵隊のヘリコプターによる低周波被害も認定しています。日米間で結ばれている「騒音防止協定」についても、米軍が協定を守っていない状況が普通になっていることも認めています。「国も騒音防止措置を効力のあるものとするために適切な措置をとっておらず、騒音防止協定は事実上形骸化している」とさえ指摘しました。

判決は、普天間基地のクリアゾーン（航空法上、離着陸する飛行機の事故の可能性が高いため居住などを禁止している場所）内に学校や病院その他の施設が存在し、基地と民間施設とが極めて近接していて、「世界で一番危険な基地」といわれていることも指摘しました。

その上で、爆音訴訟で長年来変わらなかった損害額の基準を「うるささ指数」の高いW75地域で月額六〇〇〇円、さらに高いW80地域では月額一万二〇〇〇円と、過去の判決から倍にする判決を下しています。

もしもこの判決の結果を全国の爆音訴訟に適用した場合、国の賠償額は数百億円単位に跳ね上がることになるほど、影響力の大きい判決となりました。

それなのに、住民が求めた肝心の「飛行差し止め」は、棄却されたのです。棄却の理由は、これまでの爆音訴訟と同じく「第三者行為論」といわれるものでした。第三者行為論とは、簡単にいうと、米軍は日本の法律がおよばない「第三者」なので、米軍に対して飛行差し止めを求める権限を日本政府はもっていないというものです。

日本国内に米軍の駐留を認め、その米軍がもたらす行為によって日本国民が被害を受けているというのに、被害をおよぼす行為を止める権限を政府がもっていない。これはどう考えても、納得できない論理です。

裁判所の限界、司法救済の限界

判決文をくわしく読むと、米軍に対して裁判所はなにも口出しできないという「司法の限界」がよくわかります。

「米軍機の飛行差し止めについては、司法による救済はできない」と裁判所は、はっきり断言しているのです。

現実に日本国民に対して人権侵害が行なわれている。そのことを裁判所は認めています。だから「賠償金の支払い」を国に求めているのです。それなのに、人権侵害の根源については司法では「救済」できないとするその論理は、「人権救済の砦《とりで》という裁判所の役割を放棄したにひとしいものだ」という批判を受けました。まったくそのとおりです。

ただし、判決は国に対しては「米軍機の騒音の改善をはかるべき政治的責務がある」ということを認めています。

裁判所は、普天間基地に所属するヘリの騒音に特有の低周波音被害が、通常の騒音被害と比べて「心身に対する騒音被害がいっそう深刻化するという経験則」があることを認めています。さらにそのうえで、航空機騒音のこれまでの評価基準であった「うるささ指数（W値）」では評価できない被害があるということも認めています。

また墜落などの事故の恐怖を真正面からとらえて、一審判決と同じく「墜落への不安や恐怖は慰謝料算定の要素になる」ということも判断しています。福岡高裁のこの判決は、一審判決からさらに踏みこんで、米軍機の墜落への恐怖はたんなる不安ではない「現実的」なものとして認め、不安感や恐怖感は「生命または身体に対する危険への不安感」であると認めています。米軍機の飛行があたえる恐怖について損害賠償の対象としたという意味では、非常に重要な判決だともいえるのです。

福岡高裁の判決は、日米地位協定についても「決めたことが守られてない」と、はっきりのべています。それは具体的には、一九九六年の日米合同委員会で合意された騒音防止協定のことを意味しています。

その騒音防止協定では、「夜間早朝の飛行禁止」や「住宅地の上空を避けた経路の設定」などが合意されています。しかし実際には、「午後一一時までの飛行が常態化」しているとして、福岡高裁は国の責任を次のように追及しているのです。

「被告（日本政府）は、米軍に運用上の必要性について調査・検証するよう求めるなど（略）適切な措置をとってはいない。そのため、平成八年の規制措置（騒音防止協定）は、事実上、形骸化している」

「第三者行為論」とは何か？

ではこうした爆音訴訟のなかで、裁判所が米軍基地による住民被害を正面から認め、損害賠償金の支払いを国に求めながら、その被害の原因である米軍機の飛行差し止めを行なわない理由とは、いったいなんでしょうか。それがさきほど少しふれた「第三者である米軍の飛行を規制する権限は日本政府にはない」という、第一次厚木基地爆音訴訟で一九九三年二月に最高裁が示した「第三者行為論」です。

原告の住民たちは、国も米軍も「第三者」などではなく、安保条約を結んで基地を提供しているのだから「共同不法行為者」だと主張しました。しかし、裁判所はこれに対しても「基地提供の拒否」などという根源的な措置は、国の「政治的責任を伴った広範な裁量〔の範囲〕」であるとして司法判断を回避しています。

日本の司法機関は、米軍が相手の場合にはいつも腰が引けてしまいます。なかでも米軍基地の違憲性を問いただした「砂川事件」では、最高裁長官が米国政府の意向を受けて、米軍基地を「違憲」とした一審判決（地裁判決＝伊達判決）をねじ曲げた判決を下しています。（⇩239ページ）それ以降、米軍基地についての訴訟は、ことごとく「門前払い」のようなあつかいを受け、米軍の行動に対する差し止め請求は、すべて棄却《ききゃく》されるという結果になっています。

「日本の司法が米軍の前にひれ伏している」

爆音訴訟の経過を聞いて、そう思わない日本人はいないでしょう。

嘉手納基地の爆音被害

爆音被害で使われる「W値＝うるささ指数」の基準をみてみましょう。次の表が参考になります。

W値＝うるささ指数

デシベル	音の大きさ	影　　響
130	最大可動値	長時間さらされていると難聴になる
120	飛行機のエンジン近く	
110	自動車のクラクション（前方２ｍ）	
100	電車通過時の線路わき	
90	騒々しい工場内	消化が悪くなる
80	地下鉄の車内	疲労の原因となる
70	電話のベル（１ｍ）	血圧が上昇する
60	普通の会話	就寝できなくなる
50	静かな事務所	
40	深夜の市内	

これが二〇一一年度の嘉手納基地の爆音被害の状況です。

過去のたび重なる爆音訴訟で、嘉手納基地の爆音レベルは二〇〇七年度（平成一九年）当時まで軽減されたことになったはずですが、年平均W値（うるささ指数）は八一・〇が続いています。

国の環境基準では、住宅地域についてはW値「七〇」、その他の地域についてはW値「七五」と定めています。嘉手納基地周辺では国の環境基準値に程遠い劣悪な環境が放置され続けていることになります。

加えて嘉手納基地では爆音がより大きいF22ステルス戦闘機の配備が問題になっています。F22ステルス戦闘機は、オスプレイ同様に事故が続出している米軍機です。これまで二五件の酸素供給装置の不

嘉手納基地の爆音被害状況

	2010年度（平成22）	2011年度（平成23）
年間発生回数	39,204	32,803
月平均発生回数	3,267	2,734
1日平均発生回数	111	92
1日平均累積時間	40分28秒	33分29秒
年間最高音	107.4dB	107.5dB
年平均W値	86.0	81.0

具合による操縦士の低酸素症や意識消失を起こしています。

過去三次にわたる爆音訴訟を起こし、そのたびに勝訴しながら、爆音はいっこうに減ることなく、むしろ激しくなっているのです。日本の裁判制度というのは、いったいなんのために存在しているのでしょうか。

（前）

Q&A ⑧

どうして米兵が犯罪をおかしても罰せられないのですか？

簡単にいうと日米地位協定によって、米兵が公務中（仕事中）の場合、どんな罪をおかしても日本側が裁くことはできないとり決めになっているからです。（⇩144ページ）

次に公務中でなくても、日本の警察に逮捕される前に基地に逃げこんでしまえば、逮捕することは非常にむずかしくなります。

最後に、基地に逃げこむ前に逮捕できたとしても、ほとんどの事件において日本側は裁判権を放棄するという密約が、日米間で交わされているからです。（⇩146ページ）

この問題は、本書のなかでも一番説明するのがむずかしい問題です。ちょうどこの部分を書いている二〇一二年一〇月、沖縄でまたも、ふたりの米兵（海軍）によるレイプ事件が起こりました。同じ月の初めに、全県民の反対を無視してオスプレイが強行配備されてから、わずか半月後のことでした。

このふたりの米兵は、早朝に女性をレイプしたその日、グアムに移動する予定になっていました。そのタイミングをねらって犯行におよんだことは、ほぼまちがいありません。米兵が日本で女性をレイプしても、基地に逃げこんで飛行機に乗ってしまえば、まず逮捕されることはない。身柄を確保して、とり調べを行なって事件を捜査することが不可能になるからです。

女性をレイプしようと、自動車で人をひき殺そうと、米兵が正当な処罰を受けずに終わるケースが多発するのはこのためです。

激しい怒りと悲しみ、そしてあきらめ。沖縄の人びとがいだいているそうした感情を、本土の人間が理解するのはむずかしいかもしれません。

でも本書の読者のみなさんには、がんばって読んでいただきたいと思います。ここまで話してきたように、地位協定は沖縄だけの問題ではないからです。法律というのは日本全国同じです。本土でもとくに基地の多い神奈川県や、三沢、岩国、佐世保では、殺人事件もレイプ事件も、沖縄と同じように起こっているのです。

日米地位協定が保証する「現代の治外法権」

この米兵犯罪の問題について、もともと日米行政協定ではつぎのように決められていました。

「日米行政協定　第一七条　2項
〔NATO地位協定が発効するまでのあいだ〕**合衆国の軍事裁判所**および当局**は、合衆国軍隊の構成員および軍属ならびにそれらの家族**（日本の国籍のみを有するそれらの家族を除く。）**が日本国内で犯すすべての罪について、専属的裁判権を日本国内で行使する権利を有する**」

家族もふくめて、米軍関係者全員のありとあらゆる犯罪について、裁判権は米軍側にあり、日本側にはないというのですから、これは文字通りの治外法権です。レトリックではなく、明治初期の不平等条約とまったく同じ内容です。

「日米行政協定　第一七条　3項（a）
**日本国の当局は、合衆国軍隊が使用する基地の外において、合衆国軍隊の構成員もしくは軍

属またはそれらの家族を犯罪の既遂または未遂について**逮捕することができる。しかし、逮捕した場合には、**逮捕された一または二以上の個人を**ただちに合衆国軍隊に引き渡さなければならない**」

日本の警察は、基地の外なら罪をおかした米軍関係者をつかまえることはできるが、とり調べをすることも裁判をすることもできない、すぐに米軍側に引き渡せというわけです。これはあまりにもひどいというので、Q&A④でも見たように、NATOの地位協定が発効したら、それに準じて日米行政協定の一七条も改定するという約束になっていました。そして事実、一九五三年九月に改定され、その条文はそのまま一九六〇年の日米地位協定に引きつがれていきます。

「日米地位協定　第一七条　3項(a)
合衆国の軍当局は、次の罪については、合衆国軍隊の構成員または軍属に対して**裁判権を行使する第一次の権利を有する。**
(ii)**公務執行中の**作為または不作為から生ずる**罪**」

「日米地位協定　第一七条　5項（c）
日本国が裁判権を行使すべき合衆国軍隊の構成員または軍属たる**被疑者の拘禁は、その者の身柄が合衆国の手中にあるときは、日本国により公訴が提起されるまでの間、合衆国が引き続き行なうものとする**」

どう変わったかというと、日米行政協定では、すべての場合について日本側に裁判権はないとなっていたのが、NATO地位協定に準ずる形で改定され、一九五三年以降は、

○公務中〔仕事中〕の犯罪については、すべて米軍側が裁判権をもつ

○公務中でない犯罪については日本側が裁判権をもつが、（犯人が基地内に逃げこんだりして）犯人の身柄がアメリカ側にあるときは、日本側が起訴するまで引き渡さなくてもよい

となったわけです。少し改善されたように見えますが、犯人を逮捕して尋問できなければ起訴できる可能性は非常に低くなるので、あきらかに不正なとり決めといえます。

しかし、それだけではなかったのです。二〇〇八年に国際問題研究家の新原昭治《にいはらしょうじ》さんが発見したアメリカの公文書によって、**日米行政協定一七条が改定された直後の一九五三年一〇月二**

八日、日米合同委員会の非公開議事録で、日本側は事実上、米軍関係者についての裁判権を放棄するという密約が結ばれていたことがわかったのです。

「日本の当局は通常、合衆国軍隊の構成員、軍属、あるいは米軍の軍法下にある彼らの家族に対し、**日本にとっていちじるしく重要と考えられる事例以外は裁判権（第一次）を行使するつもりがない**」（アメリカ国立公文書館所蔵資料：新原昭治『日米「密約」外交と人民のたたかい』新日本出版社）

この密約によって、日米行政協定で米軍関係者に保証されていた「治外法権」が、事実上継続することになりました。そしてそれはいまでもつづいているのです。Q&A④でも見ましたが、こうした例を知ると「協定の改定って、いったいなんなんだ。なんの意味があるんだ」と激しい怒りがわいてきます。日米交渉でアメリカ側が譲歩した点については、すべて密約の存在を疑う必要があることが、こうした例からわかるのです。

一九五〇年代に本土で起きた米軍犯罪

少し話がむずかしくなりましたので、ここからは実例をあげていきます。最近起きた事件もたくさんありますが、ここでは一九五〇年代に本土で起きた事件について話をさせてください。

この時期に本土で起きた米兵の犯罪と、その結果生まれた反基地闘争は、沖縄に負けない激しいものでした。そうした反基地闘争に対するアメリカ側の危機感が高まったことで、Q&A⑩（⇩166ページ）で見るように、マッカーサー駐日大使を中心に安保改定の動きが起こってくるのです。

たとえば東京に住んでいる人でも、ロングプリー事件という名前を聞いたことはないでしょう。**これは都内から西武池袋線にのった音大生が、米軍基地内の米兵から狙撃され、車内で死亡したという驚くべき事件です。**

〈一九五八年九月七日午後二時ごろ、米軍ジョンソン基地を横切る線路上を西武池袋線下り電車が走行中、埼玉県入間《いるま》市の稲荷山公園付近で同基地に所属するピーター・E・ロングプリー三等航空兵（一九歳）が車両に向けてカービン銃を発砲し、基地内へバンド演奏のアルバイトに行く途中だった武蔵野音楽大生・宮村祥之氏（二一歳）が死亡した。発砲の動機についてロングプリーは『カラ射ちの練習をしたところ実弾が入っているのを忘れて射ってしまった』とのべた。埼玉県警と狭山署はロングプリーを重過失致死罪で浦和地検に書類送検した〉（「埼玉新聞」他からまとめた事件の概略）

警備中の米兵は実弾を装填《そうてん》しないのが規則ですので、カラ射ちの練習をしたら実弾が入っていたというのはおかしい。おそらく走行中の列車に向けて、遊びで実弾の射撃練習をしていた

のでしょう。さすがに日本の世論が沸騰《ふっとう》したため、これを公務中とすることはできず、形だけの裁判が行なわれました。しかし浦和地裁の下した判決は禁固一〇カ月という信じられないほど軽いものでした。さきにのべたとおり、米軍関係者については基本的に裁判権を放棄するという密約があったからです。

米軍機の超低空飛行によって、自転車に乗った女性の首と胴体が真っ二つに切断される

もうひとつこの時期の犯罪で驚くのは、茨城県で**超低空飛行を行なった米軍機によって、通行中の女性が首と胴体を真っ二つに切断されて即死したと**いう事件です。

〈一九五七年八月三日、当時茨城県にあったアメリカ軍水戸補助飛行場から離陸した米軍機が離陸後、

ロングプリー事件の現場。金網の右側にあった埼玉県入間市の米空軍ジョンソン基地から、左側の線路を走る西武新宿線の車両に発砲、乗っていた武蔵野音楽大生・宮村祥之氏が死亡した。（写真：共同通信社）

超低空飛行を行ない、滑走路から五〇〇メートルはなれた道路を自転車で走行していた親子に後方の車輪が接触、母親の北条はる氏（六三歳）は首と胴体を真っ二つに切断されて即死、息子の北条清氏（当時二四歳）も重傷を負った。

米軍側は異常気象の熱気流による不可抗力的な事故と公表したが、地元ではアメリカ軍のパイロットがわざと低空飛行を行なって、通行人を驚かしていたことがよくあったとの声があがり、七日、地元の市議会は操縦者のジョン・L・ゴードン中尉（当時二七歳）のいたずらによるものと断定した。

しかし、八月二一日になるとこの事件は中尉が公務中に起きたものとされるようになり、日米地位協定にもとづき日本側の裁判権が放棄され、捜査は終了した。日本政府が遺族側に四三

万二〇四四円を補償すると通知し、遺族側の同意を得た〉（「茨城新聞」他）

ＰＡＲＴ２でお話しする「伊江島事件」（⇩318ページ）もあわせて考えると、この時代の米兵が日本人を同じ人間としてあつかっていなかったことがわかります。この事件が故意かどうかは立証できませんでしたが、遊び半分で日本人を演習の標的（ターゲット）にすることがよくあったのは事実です。しかも128ページにもあるように、そのような米軍と米兵たちの意識は現在でもつづいているのです。

ジラード事件が暴いた「密約の存在」

そうした事件のなかでもっとも有名で、裁判の過程における密約がくわしく暴露されたのがジラード事件です。当時の報道によれば、事件は次のようにして起こりました。

〈一九五七年一月三〇日、群馬県相馬が原の米軍演習場内の立ち入り禁止の場所に、生活の足しにしようと鉄くずの薬きょうをひろいにきた農婦の坂井なか氏（四六歳）が、銃撃されて死亡した。当初は流れ弾に当たったかと思われたものの、いっしょにいた日本人の農夫の証言によって、ある米兵がカラの薬きょうをばらまいて、『ママさん、だいじょうぶ。ブラス（薬きょう）たくさん』と手まねきしたあと、約一〇メートルの距離に近づいたところで突然、『ゲ

ジラード事件の現場　1．同僚の兵士の位置　2．機関銃座　3．ジラードの位置
4．薬きょうをばらまいた位置　5．ジラードが発砲した位置
6．坂井さんが撃たれた位置　7．坂井さんが倒れた位置
8．日本人の証人が目撃した位置（写真：共同通信社）

ラウ、ヒア（あっちへ行け）』と叫んで発砲したことがわかった〉（「上毛新聞」他）

その米兵の名は、ウィリアム・ジラード三等兵、当時二一歳でした。**こうした日本人を狩りの獲物のようにあつかう犯罪が、一九五〇年代は本土でも起こっていたのです。**

当初、米軍側はジラードの発砲は公務中のもので、米軍側に裁判権があると主張しました。一方、遊び半分で人を殺しておいてなにが公務中だと、日本側の世論も沸騰します。

結局、反米感情の高まりを懸念したアメリカ側が折れて「裁判権を行使しない」という特例措置をとり、日本側で裁判が行なわれることになりました。

五月一八日、検察はジラードを傷害致死罪で起訴します。しかしその裏で日米合同委員会が開かれ、秘密合意事項として、

「ジラードを殺人罪ではなく、傷害致死罪で起訴すること」

「日本側は、**日本の訴訟代理人**を通じて、日本の裁判所が判決を可能なかぎり軽くするように勧告すること」

が合意されました。その結果、八月二六日から前橋地裁で始まった裁判は、検察側が傷害致死で懲役五年の刑を求め、一一月一九日、ジラードに対し懲役三年・執行猶予四年の判決がくだりました。この異常に軽い判決に対して検察側は控訴せず、刑が確定しました。一二月六日、ジラードはこの間に結婚していた日本人女性をつれて帰国します。米軍から遺族への正式な補

償金はなく、わずか六二万円の見舞金が支払われました。

密約がむしばんだ日本の司法

この事件の記録をアメリカ国務省に情報開示請求して、日米合同委員会の密約をあきらかにした春名《はるな》幹男《みきお》・名古屋大学特任教授は、**裁判所に働きかけた「日本の訴訟代理人」とは、おそらく検察庁のことだろうと語っています。**（『秘密のファイル〈上〉──CIAの対日工作』共同通信社）**日米の政府が日米合同委員会で非公開の協議を行ない、そこで決められた方針を法務省経由で検察庁に伝える。検察庁は軽めの求刑をすると同時に、最高裁に対しても軽めの判決をするよう働きかける。このような米軍基地をめぐって生まれた違法な権力チャネルが、しだいに法治国家としての日本をむしばんでいくことになります。**

すでに一九五二年九月には、最高裁事務総局が『日米行政協定に伴う民事および刑事特別法関係資料』という名の資料集を編集・刊行していました。これは日米合同委員会で合意した密約を、裁判に反映させるためにつくられた資料集です。同じような裏マニュアルが、外務省でも法務省でもつくられていました。外務省は本書のPART2でご紹介する「日米地位協定の考え方」（一九七三年、増補版一九八三年）、**法務省は全国の検察関係者に対し、米軍関係者の**

犯罪について「特別のとり扱い」を求めた『合衆国軍隊構成員〔在日米軍人〕等に対する刑事裁判権関係実務資料』（一九七二年）です。（吉田敏浩『密約　日米地位協定と米兵犯罪』毎日新聞社）

これらの裏マニュアルはすべて、占領終結後も国内に外国軍基地をおいたために生じてしまった国内法の運用上の矛盾をごまかすためにつくられたものです。そして深刻なのは、そうした違法なチャネルによる司法への介入は、いまもまだ継続しているということです。

とくに最高裁事務総局の場合、現在でも「裁判官会同《かいどう》」と「裁判官協議会」という名の会議を開いて裁判官たちを集め、自分たちが出したい判決の方向へ会議を通じて裁判官たちを誘導していることが、複数の識者から指摘されています（新藤宗幸『司法官僚』、海渡雄一『原発訴訟』共に岩波新書）。

「司法がもっとも守らなければならない「裁判官の独立」を、最高裁自身が侵《おか》し、自分たちに都合のよい判決を出させている。そのような違法な権力チャネルをつくりだし、日本の司法を機能停止状態に追いこんだのが、これまで見てきたような在日米軍の問題であることは、あまりにもあきらかだと思います。

（明・矢）

Q&A ⑨

米軍が希望すれば、日本全国どこでも基地にできるというのは本当ですか？

これは悲しいことですが、本当です。Q&A①でふれたように、通常の安全保障条約や協定なら、駐兵する基地の名称や場所を条約や付属文書に書きこむのが常識です。

フィリピンがアメリカと一九四七年に結んだ「米比軍事基地協定」の付属文書でも、有名なクラーク空軍基地やスビック海軍基地のほか、二三の拠点がフィリピン国内で米軍の使用できる基地として明記されています。

フィリピンはその前年まで、本当のアメリカの植民地でした。それでもきちんと限定した形で基地の名前を書いています。ところが日米安保条約にも日米地位協定にも、そうした記述がまったくないのです。

基地を使用する権利ではなく、米軍を日本国内とその付近に「配備《はいび》する」権利

日本全国どこにでも米軍基地をおけるとする「全土基地方式」の根拠となっている条文は次のとおりです。まず旧安保条約のもとでは、

「日米安保条約（旧）　第一条
平和条約およびこの条約の効力発生と同時に、**アメリカ合衆国の陸軍、空軍および海軍を日本国内およびその附近に配備する権利を、**日本国は、許与し、**アメリカ合衆国は、**これを**受諾する。**（略）」

「日米行政協定　第二条　1項
日本国は、合衆国に対し、安全保障条約第一条にかかげる目的の遂行に必要な基地の使用を許すことに同意する。（略）」

次に一九六〇年に改定された新安保条約のもとでは、

「日米安保条約（新）　第六条
日本国の安全に寄与し、ならびに極東における国際の平和および安全の維持に寄与するため、

アメリカ合衆国は、その陸軍、空軍および海軍が日本国において基地を使用することを許される。（略）」

「日米地位協定　第二条　1項（a）

合衆国は、日米安保条約第六条の規定にもとづき、**日本国内の基地の使用を許される。**（略）」

となっています。なぜ現在効力のない旧安保条約の条文まで読んでいただいたかといえば、ごらんのとおり、**旧安保条約では「米軍が日本国内の基地を使用する権利」ではなく、「米軍を日本国内およびその付近に配備する権利」となっているからです。何度もくり返すようですが、これが現在の日米安保条約と日米地位協定の本質なのです。**

これまで見てきたとおり、日米安保関係の条約や協定は、オモテの条文は変わっても、ウラでその権利が受けつがれていることが多い。そしてQ&A⑥で見たような現状は、「米軍は基地を使うことを許される」という協定からはとても理解できないものです。ほかの国で、米軍ヘリが現地の住民をターゲットにして演習を行なうなどということがありえるでしょうか。

つまり、アメリカがもっている権利は、「日本とその周辺に米軍を配備する権利」ですから、「日本国の安全と、極東における平和と安全」のために必要だとアメリカがいえば、日本国内でどんな演習が行なわれても、どんな基地がほしいといわれても、部隊が自由に国境を越えて移動しても、日本側は断ることができないのです。

日米合同委員会というブラックボックス

アメリカから新しく基地がほしいと言われた場合、その場所をどこにするかについては、「日米地位協定　第二条1項（a）」の後段にこう書かれています。

「個々の基地に関する協定は、**第二五条に定める合同委員会を通じて両政府が締結しなければならない**」

その第二五条はというと、

「日米地位協定　第二五条

1項　**この協定の実施に関して**（略）**協議機関として、合同委員会を設置する。**合同委員会は（略）、合衆国が日米安保条約の（略）遂行にあたって（略）必要とされる日本国内の基地を決定する協議機関として、任務を行なう。

2項　**合同委員会は、日本国政府の代表者一人および合衆国政府の代表者一人で組織**し、各代表者は、一人または二人以上の代理および職員団を有する**ものとする。**（略）

3項　**合同委員会は、問題を解決することができないときは、**適当な経路を通じて、**その問題をそれぞれの政府にさらに考慮されるように移す**ものとする」

つまり、米軍を日本に配備するにあたって、基地の場所の決定だけでなく、地位協定関係の問題をすべて引き受け、協議するための機関が日米合同委員会だということです。

この日米合同委員会についてはQ＆A⑮（⇩263ページ）を見ていただきたいのですが、その設立の経緯から考えても、会議の席上、日米に意見の対立があった場合、最終的にはつねに日本側が譲歩して合意してきたということが容易に想像できます。しかも、そうしてつくられた「合意」は、基地周辺の住民の生活と安全に大きな影響をあたえるにもかかわらず、原則として非公開とされているのです。いわば日米合同委員会は、日米が対等な外交交渉を行なっているフリをするためにつくられたブラックボックスだといえるでしょう。

「全土基地方式」を言いだしたのは、意外にもマッカーサーだった

「全土基地方式」という発想を言いだしたのは、皮肉なことにそれまで日本に軍備はいらないといっていたマッカーサーでした。沖縄に強力な空軍基地と戦術核兵器があれば、日本の本土

は戦力放棄でいい。そうした構想のもとで、彼は憲法第九条の平和主義を書いたわけです。

沖縄の大きな空軍基地、イメージとしては嘉手納《かでな》基地〔162ページ〕を思い浮かべてもらえばいいのですが、あそこは地下通路で広大な弾薬庫（嘉手納弾薬庫）とつながっています。そうした**嘉手納のような基地に強力な空軍をおき、隣接する弾薬庫に戦術核兵器を貯蔵しておけば、当時の仮想敵国であるソ連の軍事力にじゅうぶん対応できる。だから日本本土には米軍基地はいらないという考えだったのです。**

ところが一九五〇年の六月になって、そのマッカーサーが「全土基地化」と言いだした。「沖縄」ではなく、「日本全体」の全土基地化と言いだしたわけです。

それはなぜかといえば、その前年には中国大陸で共産主義国である中華人民共和国が誕生しており、朝鮮半島でもあきらかに緊張が高まっていた（事実、マッカーサーの「全土基地化」発言の二日後、六月二五日に朝鮮戦争が始まっています）。そこでアメリカとしても、やっぱり沖縄だけじゃなく、本土にも基地は必要だという考えが主流になっていました。日本の占領終結（講和条約の締結）がなかなか進まなかったのも、本土の基地はどうしても必要なのだから、占領をつづけることで使えばいいじゃないか、という米軍部の強い意向があったからなのです。

そうした状況のなかで、マッカーサーは自分だけが日本本土に基地を置くことに反対しつづければ、孤立してしまうと思うようになりました。そんなときにダレスから、「日本の本土に基地を置くことについて、少し考えに磨《みが》きをかけてはいかがでしょう」と水を向けられたわけです。そこでマッカーサーは、講和後の日本の安全保障について書いた一九五〇年六月のメモのなかで、「日本全土が防衛作戦のための潜在的基地《ポテンシャル・ベース》とみなされるべきである」と書いた。

ここからは推測になりますが、なぜそれまで本土に基地はいらないといっていたマッカーサーが、一足飛びに「日本全土が潜在的な基地であるべきだ」となってしまったのか。それはやはり核戦争という問題が大きかったと思います。

マッカーサーの頼みの綱は沖縄でした。沖縄に強力な空軍と戦術核をおけば、本土には基地がなくても大丈夫というのが彼の基本構想だった。しかし一九四九年にソ連が核実験に成功したあとは、相手が核で攻撃してきた場合に基地が一カ所だけでは、すぐにやられてしまう。もし沖縄が攻撃されて使えなくなった場合にそなえて、やはり本土の複数の場所に基地をおいて、核兵器を配備できるようにしておく必要があると考えたのだと思います。

そこでさきほどのべたとおり、マッカーサーは一九五〇年六月には、日本全土を防衛作戦のための潜在的基地とみなさなければならないという提案をし、それを受けたワシントンも、その提案を日本との講和条約を進めるにあたっての基本方針とする。そして同じ年の一〇月に国

嘉手納《かでな》弾薬庫から嘉手納空軍基地の滑走路をのぞむ。あいだには道路が走っているが、弾薬庫と飛行場は地下通路でつながっている。ベトナム戦争が激化した1967年には、この弾薬庫を中心に沖縄だけで1200発の核兵器が貯蔵されており、いつでも軍用機に積んで本土の米軍基地に運べるようになっていた（写真：須田慎太郎）

防省のなかで、きたるべき日本との講和交渉で示すべき安全保障協定の草案が作られ、そこにマッカーサーの「全土基地化」構想が盛りこまれる。

その延長線上に出てきたのが、あのダレスの有名な発言、講和交渉の根本的課題は「われわれが望む数の兵力を、〔日本国内の〕望む場所に、望む期間だけ駐留させる権利を確保することである」という発言だったわけです。核戦争の時代に、ソ連との戦争が長期化した場合には、核を使った非常に大きな破壊に備えるために日本全土を要塞化するという構想だったと思います。

冷戦も終わり、東西で本格的に核を撃ちあうような戦争が想定しづらい現在、「全土基地方式」を考えなおすべきであることは、言うまでもないことです。

安保村の狙いは「全自衛隊基地の共同使用」

ただ現時点では、この「全土基地方式」という考えが、形を変えて浮上してきています。Q&A③にもあるように、近年すっかり予算のなくなった米軍は、いろいろな手を使って日本に負担を押しつけようとしています。

その代表的な例が、富士山のふもとにある東富士演習場です。ここはもともと米軍基地でしたが、一九六八年に日本に返還され、自衛隊基地となりました。しかし、本書ではくわしくのべませんが、日米地位協定の条文（第二条4項b：⇩338ページ）を拡大解釈することで、基地の経費を日本側に負担させながら、米軍の演習は以前と変わらず大規模に実施できるという状態になっています。

安保村の論客のなかには、今後はこの日米地位協定・第二条4項b（2《にい》-4《よん》-B《びー》）を使って、「全自衛隊基地の共同使用」を実現することが目標だと指摘する人たちもいます。

「米軍基地返還」⇩「全自衛隊基地の共同使用」⇩「米軍の永久駐留と駐留経費の大幅削減」というわけです。これによって進行するのは、いわゆる「本土の沖縄化」以外の何物でもありません。

一方、沖縄からは、安保条約と地位協定は日本がアメリカに提供する基地を定めていないのだから、基地を沖縄に固定しなければならない根拠はなく、本土も当然その負担を担《にな》うべきだという声があがっています。

長いあいだ、本土は安全保障問題をアメリカに丸投げし、その代償である基地の負担を沖縄に担わせつづけてきました。もはやそういう時代は終わりにきています。

（明）

Q&A ⑩

現在の「日米地位協定」と旧安保条約時代の「日米行政協定」は、どこがちがうのですか？

ほとんどなにも変わっていません。

こう言うと驚く方もいらっしゃると思いますが、実はサンフランシスコ講和条約と旧安保条約、そして日米行政協定締結の実務責任者だった西村熊雄（当時、外務省条約局長）自身が、新旧の安保条約について、見た目は変わったが内容は同じだと言っているのです（彼は旧安保条約が「はだかの鰹節《かつおぶし》」だとすれば、新安保条約は「桐箱《きりばこ》におさめ、（略）水引《みずひき》をかけ、のしまでつけた鰹節」だと言っています）。

内容がかなり変わったというのが定説である新旧の安保条約でさえ、現場の責任者にはそう思えたわけですから、日米行政協定と日米地位協定が本質的にほとんど同じであっても不思議はありません。

日米行政協定と日米地位協定のちがいは、表現のちがいにすぎない

たとえば、もっとも重要な「基地の提供」について見てみましょう。左の条文の太字の部分を読んでいってください。

「日米行政協定　第二条　1項
日本国は、合衆国に対し、安全保障条約第一条にかかげる目的の遂行に**必要な基地の使用を許すことに同意する。**個々の基地に関する協定は、この協定の効力発生の日までになお両政府が合意に達していないときは、この協定の第二六条に定める合同委員会を通じて両政府が締結しなければならない。（略）」

「日米地位協定　第二条　1項
（a）**合衆国は、**日米安保条約第六条の規定にもとづき、**日本国内の基地の使用を許される。**個々の基地に関する協定は、第二五条に定める合同委員会を通じて両政府が締結しなければならない。「基地」には、当該基地の運営に必要な現存の設備、備品および定着物をふくむ。

（b）合衆国が日本国とアメリカ合衆国との間の安全保障条約第三条にもとづく行政協定の終了の時に使用している基地は、両政府が（a）の規定にしたがって合意した基地とみなす」

日米行政協定の第二条が、

「日本国は、合衆国に対し、必要な基地（施設および区域）の使用を許すことに同意する」

となっているのに対し、日米地位協定の第二条は、

「合衆国は、日本国内の基地の使用を許される」

となっています。しかし、Q&A⑨でみたように、米国が「日本に軍隊を配備し、その拠点である基地を使用する」という権利に変わりはありません（むしろ行政協定には存在した「日本側の同意」という概念が消えていますので、後退したと言ってもいいくらいです）。しかも、そうした「使用を許される基地」とは、

「行政協定が終了したときに使用していた基地」

だというのですから、基本的にそのまま、なにも変わっていないことがわかるでしょう。


もうひとつ、もっとはっきりした例があります。米軍基地内での米軍の権利についてのとり決めです。日米行政協定の第三条が、

「合衆国は、基地内において、それらの設定、使用、運営、防衛または管理のため必要なまたは適当な権利、権力および権能を有する（略）」

となっているのに対し、日米地位協定の第三条は、

「合衆国は、基地において、それらの設定、運営、警護および管理のため必要なすべての措置をとることができる（略）」

となっています。「権利、権力および権能を有する」という高圧的な表現から、「措置をとることができる」という穏やかな表現に変わっています。しかし、この「基地の管理権」については、日米地位協定が結ばれる約二週間前に日本の藤山外務大臣とマッカーサー駐日大使のあいだで交わされた密約のなかで、

「米軍基地内でのアメリカの権利は、〔日米行政協定のもとでの権利と〕変わることなくつづく」

と合意されており、条文の変化にはなんの意味もないことがわかります。（新原昭治『日米「密約」外交と人民のたたかい』新日本出版社）

一九七二年の沖縄返還に際しても、交渉にかかわったチャールズ・シュミッツ国務省顧問は「結局なにも手放さなかった」とのべています。こうした例からわかるように、米軍基地をめぐる日米交渉においては、一見アメリカが譲歩したように見える場合でも、ウラで密約が結ばれており、米軍の権利はほとんど変わっていないと考える必要があります。

旧安保条約と新安保条約の違いとは

では、日米行政協定および日米地位協定とそれぞれペアになっている、旧安保条約と新安保条約の場合はどうだったのか、検証してみましょう。一般に、旧安保条約と新安保条約で大きく変わったポイントは、次の五つとされています。

① アメリカの日本防衛義務の明確化
② 安保条約と国連との関係の明確化
③ 事前協議制の導入
④ 内乱条項の削除
⑤ 条約期限の設定

それぞれ見ていきましょう。このシリーズは「高校生でも読める」というのが基本方針だそうですが、もしあなたが本当に高校生で、このQ＆A⑩を最後まで読んだら、あなたは「外務省の高級官僚よりも日本の安全保障にくわしい高校生」になります。がんばって読んでみてください。

まず①の「アメリカの日本防衛義務の明確化」ですが、たしかに旧安保条約ではアメリカに日本の防衛義務はなかったのが、新安保条約では防衛義務が明記されたといわれることがよくあります。ああ、よかった。守ってもらえることになったんだ。これで安心だ……とは思わないでください。

もちろんそんな単純な話ではないのです。もしそんな重要な変更が本当に行なわれていたら、交渉担当者の西村熊雄が「新安保は旧安保を桐の箱に入れたようなもの」などというわけがありません。本質的な部分は変わっていない。しかし、アメリカが日本の世論に配慮して譲歩した部分もある。それをこれから見ていきましょう。

六〇年安保で問題となったのも、やはり沖縄だった

実は一九六〇年の安保改定というのは、もちろん岸信介《きしのぶすけ》首相の熱意もあったでしょうが、基本的には当時のマッカーサー駐日大使、GHQのマッカーサー元帥の甥《おい》ですね、彼のイニシアティブによって行なわれたというのが、ほぼ定説になっています。

このマッカーサー駐日大使の経歴を見ると、イェール大学を卒業して国務省に入省後、ヨーロッパに配属され、第二次大戦時はフランスでナチスに対するレジスタンス運動を支援。日本に赴任する前にはヨーロッパの連合国最高司令部でアイゼンハワーの外交顧問をしています。キャリアからみて、非常に優秀な人物だったことはまちがいありません。

彼が日本にやってきた一九五七年ごろは、とんでもない事件が連続して起こっており、米軍基地をめぐる日本人の怒りは、まさに一触即発の状態にありました。それから五〇年以上たったいまではとても想像できませんが、Q&A⑧で見たように関東でも、東京から西武線に乗った音大生が米兵に車内で射殺されたり、茨城県で自転車に乗っていた親子が低空飛行した米軍機に接触され、母親のほうが首と胴体をバラバラに切断されて即死するなど、信じられないような事件が多発していたのです。

そうした状況のなか、事態を重くみたマッカーサー駐日大使は、在日米軍基地の縮小や安保改定に着手したのです。

みなさんが意外に思われるだろうことのひとつに、この六〇年の安保改定交渉のときに大きな焦点となったのは、やはり沖縄だったということがあります。五二年の講和条約、七二年の沖縄返還についてはもちろん沖縄の問題が焦点となりましたが、この六〇年の安保改定交渉においても沖縄が問題になったということは、おそらくみなさん盲点になっているはずです。

なぜ沖縄が焦点になったかというと、それは新安保条約の適用区域（防衛区域）に沖縄・小笠原をふくめるかどうかという点が、交渉の最初の大きな山場となったからです。

みなさんよくご存じのように、一九五二年に発効した講和条約の第三条によって、沖縄と小笠原は独立を回復する日本から切り捨てられた形になっていましたが、一九六〇年の安保改定交渉の時点でそれらが返還される可能性はありませんでした。ではなぜ、新安保条約の適用範囲に沖縄・小笠原をふくめるかが問題になったかというと、それは**岸首相が当時はアメリカの施政権下にあった沖縄・小笠原を日本側が防衛するという形をとることで、新安保条約に相互防衛条約の形をもたせようとしていた**からでした。

バンデンバーグ決議

少し話が長くなりますが、がまんして読んでください。なぜ岸首相が、新安保条約に相互防衛条約の性格をもたせようとしたか。

それは安全保障条約とは、もともとそういうものだからです。

この点をよく理解しておいてください。これが日本の安全保障問題をめぐる最大の「バカの壁」なのです。基本的に安全保障条約とは、自分が相手を守るかわりに、相手にも自分を守ってもらうというもので、お金だけ出して相手に守ってもらうなどということは、本来、ありえないのです。そのことを一番はっきりと明文化しているのが、実はアメリカなのです。

一九四八年、上院で可決された「バンデンバーグ決議」は、他国との安全保障条約は「継続的かつ効果的な自助と相互援助」にもとづくものでなければならないと、はっきり明記しています。

ですから、

「旧安保条約は、基地を提供するだけで米軍の日本防衛義務はない。あまりにも不平等だ」といって新安保条約でまっとうな安全保障条約を結んでくれと要求した場合、日本にも当然、「自助」と「相互援助」の義務が生まれるのです。

その場合、現役の米軍司令官がよく口にするような、「基地の提供」と「核の傘」の交換という相互援助の形はありえても、日本の安保村の学者が口にするような「人（＝兵士による戦闘）と物（＝基地および経済的支援）の協力」などといった相互援助の形は基本的にありえません。それではアメリカの青年が、命や血をお金と引き換えにする、つまり傭兵《ようへい》ということになり、開戦権をもつ議会が承認するはずがないからです。

安保改定当時、外務省安全保障課長だった東郷文彦氏によれば、改定交渉が本格的に進み始めたきっかけは、一九五八年七月、マッカーサー駐日大使が日本側に対して、もし日本政府が「日本国憲法と両立する相互援助型の条約」を希望するなら、自分はその実現に向けて努力したいといったことだったそうです。

このときマッカーサーの頭にあったのが、このあと説明しますが「自国の憲法にしたがって行動する」という文章上のトリックと、サンフランシスコ講和条約で日本から切り離された沖縄と小笠原を日本が防衛する、そのかわりにアメリカは日本を防衛するという相互防衛条約の形をとることでした。本当はそれでも憲法違反なわけですが、沖縄・小笠原という日本が潜在主権をもつ地域への派兵はギリギリ許されるのではないか、野党も反対しにくいのではないか、一方、実質は「沖縄・小笠原」だが、それを「西太平洋」と表現すれば、相互防衛条約というかっこうもつくのではないか。それがマッカーサーと岸の構想だったわけです。

しかし、沖縄も小笠原も、当時の米軍にとっては非常に重要な核の戦略拠点です。そうした条約を結んでしまうと、当然、次々返還要求が出てくると考えた軍部が反対し、沖縄・小笠原を新しい安全保障条約の適用範囲とするという構想は流れてしまいました。

形だけの相互防衛条約

その結果、残ったのが、現在のなんとも奇妙な日米安保条約の第三条と第五条なのです。

「日米安保条約　第三条
締約国は、個別的におよび相互に協力して、**継続的かつ効果的な自助および相互援助により、武力攻撃に抵抗するそれぞれの能力を、**憲法上の規定にしたがうことを条件として、**維持し発展させる**」

「日米安保条約　第五条
各締約国は、日本国の施政の下にある領域における、いずれか一方に対する武力攻撃が自国の平和および安全を危うくするものであることを認め、自国の憲法上の規定および手続にしたがって共通の危険に対処するように**行動することを宣言する**（略）」

右側の第三条が新安保条約における「バンデンバーグ条項」といわれるものです。本家と同じく、「継続的かつ効果的な自助および相互援助により」という言葉がちゃんと入っています。

しかしその「相互防衛条項」の実態がなにを意味するかというと、左側の第五条にあるように、日本国内における「日本またはアメリカへの武力攻撃」に対し、「それぞれの国の憲法の規定にしたがって行動する」というものです。

よく考えてみると、この条約がもし本当に相互防衛条約だとすれば、「日本が攻撃されたとき、アメリカは日本全土を防衛する」代わりに、「在日米軍基地が攻撃されたとき、日本は在日米軍基地を防衛する」という非常にバカげた条約になってしまいます。

ですからそうならないよう、「防衛する」ではなく、

「**自国の憲法上の規定および手続にしたがって行動する**」(in accordance with its constitutional provisions and processes)

という表現になっているのです。おそらくマッカーサー駐日大使が最初に「日本国憲法と両立する相互援助型の条約」といったときから、この表現が念頭にあったのでしょう。一九五九年六月にアメリカ国務省からマッカーサー駐日大使に送られた電報には、「自国の憲法にしたがって」という言葉を安保条約に入れるのは、「[われわれの]長期にわたる注意深い研究により到達したものである」と書かれています(一九五一年八月に結ばれたアメリカとフィリピン

の相互防衛条約にも、ほとんど同じ言葉があります）。
日本にとって、「自国の憲法にしたがって共通の危険に対処するように行動する」ことはもちろん憲法違反にはなりませんし、**アメリカにとっても、そのときアメリカ議会が自国の国益にかなうと判断すれば軍事行動をとるということですから、特別な約束はほとんどしてないに等しいのです。**

ちなみに「本当の相互防衛条約」であるＮＡＴＯの条約（北大西洋条約）では、そのような場合、

「**必要な行動（兵力の使用をふくむ）を**（略）**ただちにとる**」

となっています。

このように「長期にわたる注意深い研究」によって表現上のトリックがしかけられているため、一九六〇年に改定された新安保条約をめぐっては、多くの人たちが、

「アメリカには日本を防衛する義務がある」
「いや、そんなものはない」

ともめる大きな原因となっているのです。

しかし現実は、実際に起きたケースを見ればあきらかです。たとえば尖閣《せんかく》諸島をめぐる中国との争いについて、アメリカには次の三つの公式見解があります。

「尖閣は日米安保条約第五条の適用範囲である」（クリントン国務長官他）
「尖閣の領有権については、日中いずれの立場にも立たない」（クローリー国務省報道官他）
「日本は島嶼部《とうしょぶ》（島）への侵略については、みずからを防衛し、周辺事態に対応する」（「日米同盟：未来のための変革と再編」）

一見矛盾しているようですが、実は矛盾していません。もし実際に日中の衝突が起こった場合、「安保条約の適用」→「議会での審議」（審議の前提は「領有権については中立」「島嶼部《とうしょぶ》の防衛は日本が行なう」）→「実際の戦闘は日本が行なうべきである」

となることは確実だからです。実はこれが国際的には常識なのです。

「在日米軍基地を守るかわりに、日本全土を守ってもらう」

「在日米軍基地を提供する代わりに、日本全土を守ってもらう」

いずれも幻想です。正しくは、そのときのアメリカの国益にしたがって、守ったり守らなかったりするということです。

先にふれたように、米軍の司令官たちはもっぱら、

「基地を使用する代わりに核の傘を提供している」

という表現をします。

また長年、アメリカの対日政策を立案してきた国際政治学者のジョセフ・ナイ氏は、

「米軍兵士が駐留していること自体が、日本の抑止力である」

といっています。このふたつの言葉は同じ立場をあらわしています。つまり、

「アメリカと同盟を組んでいること自体が日本の安全保障である」

「日本が血を流してアメリカを守らない以上、アメリカが血を流して日本を守ることはない。核の傘など、大きな枠組みの提供はするが、最前線で日本の国土を防衛するのはもちろん日本の役割である」

これはなにもアメリカがずるいのではなく、国際常識からいって、まったく当然の態度といえます。それをきちんと自国民に伝えず、危機になればつねにアメリカが日本を一方的に助け

てくれるような幻想をふりまいているのは、日本の官僚、学者、マスコミを中心とした安保村のほうなのです。

国連との関係

次に②の安保条約と国連との関係の明確化です。これは簡単にすみます。

一九六〇年に結ばれた新安保条約では、前文に、

「国際連合憲章の目的および原則に対する信念ならびに、すべての国民およびすべての政府とともに平和のうちに生きようとする願望を再確認し」、

第一条に、

「締約国は、国際連合憲章に定めるところにしたがい、それぞれが関係することのある国際紛争を、平和的手段によって国際平和および安全ならびに正義を危うくしないように解決し」

「国際連合の目的と両立しない他のいかなる方法によるものも慎むことを約束する」

「国際平和および安全を維持する国際連合の任務が一層効果的に遂行されるように国際連合を強化することに努力する」

という文言が入りました。たしかに理念としては素晴らしい条文です。**しかし日本はその後、**

二〇〇五年にアメリカとのあいだで合意した「日米同盟　未来のための変革と再編」（アメリカの国務長官と国防長官、日本の外務大臣と防衛庁長官が署名しました）という文書によって、こうした国連中心主義を事実上否定してしまっています。（孫崎享『日米同盟の正体』講談社新書）

ですからこの条項は、いまとなっては「死文化」したものだといってよいでしょう。

事前協議制と内乱条項

次の③の事前協議制の導入は、もっと早くすみます。これは条約そのものではなく、付属の交換公文で合意されたものですが、「在日米軍の配置・装備の重要な変更、日本を基地とする作戦行動については日米両国が事前に協議する」、つまりアメリカ政府が日本国政府の意思に反して行動しないことを保証するという内容で、安保改定の目玉とされました。現在でもオスプレイの強行配備をめぐって、

「オスプレイのような危険な軍用機の配備は、事前協議の対象にしろとアメリカに強く交渉せよ」とか、

「いや、事前協議の前提である『装備の重要な変更』とは実は核兵器の意味だから、オスプレイなどで事前協議は申しこめない」など、さまざまな議論があります。

しかし、実態はもっとバカみたいな話なのです。二〇一〇年に亡くなった村田良平・元外務次官が次のようにのべています。

「〔安保改定後、事前協議は〕一度も行なわれたことはない。ということは、いかに実質のない譲歩を米側が〔日本の世論ために〕行なったかということだ」（『村田良平回想録』ミネルヴァ書房、二〇〇八年）

このように、一九六〇年の安保改定の目玉とされた事前協議制の導入は、まったく形だけのものだったのです。

次の④の「内乱条項の削除」も簡単です。旧安保条約には、ソ連からの革命や政府転覆工作を想定した「外部の国による教唆または干渉によって引き起された日本国における大規模の内乱および騒じょうを鎮圧するため」、在日米軍を使えるとなっていました。外国軍が内乱を鎮圧できるというのは独立国のあるべき姿ではありませんし、旧安保の調印時にくらべると共産主義者によるクーデターなどの可能性は少なくなったため、削除されました。

条約の期限

最後に⑤の「条約期限の設定」です。これはひょっとすると、新安保条約のなかでももっとも大きな意味をもつ条項であると同時に、今後の日本の運命も決定するような重要な条項かもしれません。まず条文を見てみましょう。

「日米安保条約　第一〇条

この条約は、日本区域における国際平和および安全の維持のため十分な定めをする国際連合の措置が効力を生じたと、日本国政府およびアメリカ合衆国政府が認める時まで効力を有する。

もっとも、**この条約が一〇年間効力を存続した後は、いずれの締約国も、他方の締約国に対しこの条約を終了させる意思を通告することができ、その場合には、この条約は、そのような通告が行なわれた後一年で終了する**」

残念ながらこの非常に重要な安保条約第一〇条のことを、日本の政治家はほとんど知りません。首相候補といわれるような大物政治家が、

「安保条約ってやめられるんですか。どうしたらやめられるんですか」

などというのを実際に聞いたことがあります。また、六〇年安保、七〇年安保のイメージが強かったからか、

「一〇年ごとの改定なんでしょう」

と誤解している国会議員の人もよくいます。ちがいます。安保改定から一〇年たった一九七〇年以降は、一年ずつ自動延長されているだけなのです。だから政権与党が腹をくくって、

「一年後の延長はしません」

といえば、それで終わりなのです。

この第一〇条が新旧の安保条約でもっともちがうところだというわけは、旧安保条約にはこうした条約の期限が明記されていなかったからです。書かれていたのは、次のような漠然とした表現でした。

「旧安保条約　第四条

この条約は、国際連合またはその他による日本区域における国際平和と安全の維持のため充分な定《さだめ》をする国際連合の措置またはこれに代る個別的もしくは集団的の安全保障措置が効力を生じたと**日本国およびアメリカ合衆国の政府が認めた時はいつでも効力を失うものとする**」

「日本国およびアメリカ合衆国の政府が認めた時はいつでも」というのは、日本がいくらやめたくても、アメリカ政府の了承がなければ絶対にやめられないということです。ですから一〇

年たったあとは、どちらかがやめたいと言えば一年後に終了できるとしたこの新安保条約第一〇条の意味は大きいのです。

もちろん、なんの展望もなくただ安保条約を終了させればいいと言っているわけではありません。しかし、あまりにも不平等な現在の日米地位協定を改定しようとしても、**地位協定の枠内で考えているうちは、絶対になにも解決しないことも事実です。**地位協定の最大の問題は、アメリカが同意しなければ日本はなにもできないという点にあるからです。

たとえば基地の返還に関する次の条項を見てください。

「日米地位協定　第二条　3項

合衆国軍隊が使用する基地は、この協定の目的のため**必要でなくなったときは、**いつでも日**本国に返還しなければならない。合衆国は、基地の必要性を**前記の**返還を目的としてたえず検討することに同意する**」

「必要でなくなったときは、返還しなければならない」

「返還について、たえず検討することに同意する」

いずれもアメリカ側の実質的な義務はゼロで、意味のない条項といえます。日本側に打つべき手はなにもありません。日米地位協定の条文は、だいたいこういうふうになっています。ですから**日米地位協定の枠内で、いくら日本に有利な改定をしようとしても、もともと構造的に無理なのです。その結果、Q&A⑤の米軍機墜落時のガイドラインでみたとおり、なにか事故が起こって新たに協議すればするほど、日本側に不利な内容に変わっていってしまうのです。**

ではどうすればよいのか。

そこでこの新安保条約の第一〇条が効いてくるのです。

本シリーズ第一冊目の『戦後史の正体』の著者である元外務官僚の孫崎享《まごさきうける》さんは、この第一〇条を使って日米安保条約を一度終了させ、まったく同じ条文でいいから新しく結びなおす。それと同時に日米地位協定は全面的に改定するという案を提唱しています。いつ、だれがそれを実現できるかわかりませんが、ひとつの考え方として、少なくとも国民の代表である国会議員のみなさんには、この日米安保条約と日米地位協定をめぐる法的な構造をよく理解しておいていただきたいと思います。

（明・矢）

Q&A ⑪

同じ敗戦国のドイツやイタリア、また準戦時国家である韓国などではどうなっているのですか？

地位協定は、日本だけでなく、ドイツやイタリア、韓国など、米軍が駐留する国ではどこでも結ばれています。しかしそうした各国の地位協定とくらべても、日本の日米地位協定は、あきらかに不平等であると各方面から指摘されています。

たとえば日本と同じ敗戦国であるドイツでは、地位協定（ボン補足協定：一九五九年締結）を一九九三年に改定し、たとえ米軍基地周辺といえども国内では、米軍機に飛行禁止区域や低空飛行禁止を定めるドイツ国内法（航空法）が適用されるようになっています。

ところが、Q&A⑥で見たように、日米地位協定では日本の航空法のもっとも重要な部分が米軍機に対して適用除外となっています。このため、沖縄の米軍普天間基地のように国内法（航空法）では絶対に設置できないような場所に飛行場が維持され、国内法では禁止されている住宅地上空での米軍ヘリや輸送機の低空飛行が実施されているのです。

イタリアでは、駐留米軍は軍事訓練や演習を行なうときは必ずイタリア政府（軍）の許可を受けなければなりません。

すべての米軍基地はイタリア軍の司令官のもとにおかれ、米軍は重要な行動のすべてを事前通告し、作戦行動や演習、軍事物資や兵員の輸送、あらゆる事件・事故の発生をイタリア側に通告するとり決めになっています。

米軍機による低空飛行は事実上禁止されており、地方自治体からの米軍への異議申し立て制度も確立され、米伊当局はそれを必ず受理しなければならないことになっています。

ところが日米地位協定では、すでにのべたように日本の航空法のもっとも重要な部分が米軍機に対し適用除外となっています。沖縄だけとか、本土でも基地周辺だけの問題ではありません。信じられないことに、米軍機は「基地間移動」という名目で、日本全国のさまざまな土地の上空で事実上の飛行訓練や軍事演習を行なっているのです。

韓国では「環境条項」が韓米地位協定（SOFA）で創設されていて、基地内での汚染について各自治体が基地に立ち入って調査できる「共同調査権」が確立されています。また、返還された米軍基地内で汚染が見つかれば、米軍が浄化義務を負います。ところが日米地位協定だけは、そうした場合でも米軍に浄化義務はなく、破壊、汚染した基地の「原状回復義務」は免除され、米軍に代わって日本政府が浄化義務を課され、その費用までも負担しているのです。

また209ページにあるように、イラクがアメリカに占領されていたときに結んだ地位協定では、もし米軍が中東諸国を攻撃することになっても、自国からの出撃を拒否することができるとなっていました。周辺国との関係が悪化するのをさけるためです。さらには自国からの出撃だけじゃなく、上空を通るのも許可しないという、日本人には信じられないような「立派な地位協定」を結んでいたのです。

それからこれは私〔前泊〕も本で読んで驚いたのですが、一九八〇年代にニュージーランドが、核を積んでいる米軍艦船については寄港を禁止すると決めています。

なぜそれを読んで驚いたかといえば、日本でもよく知られているとおり、アメリカは自国の艦船の核兵器搭載については、「肯定も否定もしない（Neither Confirm Nor Deny＝NCND政策）」という原則をかかげているからです。ですから日本の場合、ちょっとこの問題にかかわったことのある外交・防衛関係者は、すぐに、

「NCNDなんだから、聞けるわけないだろう」

と言います。言外に、「お前はど素人か」と言っているわけです。

でもニュージーランドはえらくて、

「核を積んでいるとも、積んでないとも言わないのなら、ニュージーランドの港には入れませ

んよ」

とやったわけです。

ほかの国はそういうことを当たり前にやっているのに、「非核三原則」をかかげているはずの日本だけは、だれが見ても核を積んでいるに決まっている米軍艦船の出入国を認めている。これを見ても現在の日本が、どれだけひどい国かっていうことがわかりますよね。

北朝鮮と隣りあっている韓国だって、そんなバカな話は通りません。日本人のほとんどは、韓国は準戦時国家で、核をもつ危険な北朝鮮が隣にいるのだから、アメリカの言うことはなんでも聞いているにちがいないと思っていますが、それはまったくちがっていて、韓国は米軍がどれだけの兵力をどこに置いているかということはつねに把握しています。万一米軍が暴発すると、自分たちが北朝鮮との戦争に巻き込まれて悲惨な目にあうことになるから、日本よりもはるかに真剣なのです。

だから韓国では反米感情も反基地闘争も強くて、たとえばソウルから車で二時間ほどの距離にある西海岸の村「梅香里《メヒャンニ》」では、住民たちの命がけの反対運動によって二〇〇五年八月、米空軍の射撃場が五四年ぶりに閉鎖されています。しかしこうした米軍に不利な情報は、日本には絶対に伝わらないのです。

犯罪捜査・立件をはばむ「韓米地位協定」問題

米兵が事件を起こしたとき、日本と同じく韓国でも、起訴前に身柄を確保して捜査を行なうことができませんでした。韓米地位協定（ＳＯＦＡ）・第二二条５項で「米兵は現行犯逮捕されないかぎり、起訴以降にしか身柄を拘束できない」というとり決めがあるからです。殺人や強姦などの凶悪犯罪でも同じで、現行犯以外は拘束できないことになっています。

現行犯で逮捕した場合でも、「二四時間以内に起訴できなければ釈放しなければならない」と規定されていました。

起訴するためには、犯罪を立証するための裏づけ捜査が必要ですが、「二四時間以内」というのは、あまりにも無茶な要求です。この規定のために事実上、起訴前の身柄確保は不可能で、容疑者の身柄を拘束した状態で十分に時間をかけて初動捜査することはできませんでした。これまでも韓国ではつねに、「検察が起訴するまでは韓国側が犯人を拘束することができないため、犯人が証拠を隠して捜査が困難になる事件が多く、最大の問題として指摘」（韓国ＫＢＳ放送ニュース、二〇一二年一月三〇日）されてきたのです。

この規定に対して、韓国政府は二〇一二年五月二三日、運用改善を求め、その規定の削除を行ないました。「規定の削除」ですから「改定」にあたるはずなのに、韓国政府も米国政府も、そして日本政府も「改定ではなく運用改善」と説明しています。

いかに日韓米政府が「地位協定改定」問題に神経をとがらせているかがわかる対応です。

ところで、韓国がなぜ二〇一二年五月に運用改善を求めたのか、調べてみました。すると、運用改善の背景には「米兵によるレイプ事件の多発」という深刻で重大な問題がありました。

韓国では二〇一一年に京畿道《キョンギド》の東豆川《トンドゥチョン》とソウルの麻浦《マポ》で、在韓米軍兵士が一〇代の女子学生をレイプする事件が連続して起きました。いずれも一〇月に起きた事件で、米第二師団所属の二等兵が一〇代女性に性的暴行を加えた容疑で起訴され、別の米第八軍の二等兵は女子高校生に暴行したうえ、パソコンを盗んだ疑いで捜査を受けました。あいつぐレイプ事件に韓国国民の怒りが爆発しました。それというのも、二〇〇九年に三件だった在韓米兵によるレイプ事件は、二〇一〇年には一〇件に急増していたからです。

韓国のメディアは「どの軍隊にも犯罪をおかす将兵はいるものだ。しかし最近になって性暴行事件が頻発する理由はなにか、在韓米軍側にたずねたい。正しく将兵教育がなされているのか。それを防ぐ制度的装置があるのか気にかかる。韓国政府も断固とした姿勢をもたなければならない。韓米地位協定（ＳＯＦＡ）条項にしばられ、『現行犯でなければ拘束できない』と逃げ腰ばかりではいけない。米軍犯罪に対する管轄権をさらに広げなければならない。事態再発を防ぐための一罰百戒も必要だ」（「中央日報」二〇一一年一〇月九日）と、犯罪捜査をはばむ韓米地位協定の問題を指摘していました。

韓国でレイプ犯があいつぐのは、犯罪捜査をはばむ地位協定に問題がある、という糾弾に耐えかねたのか、米国は「二四時間以内に起訴しなければ釈放」という「韓米地位協定」の規定を削除する「運用改善」（事実上の改定）に合意したのです。この規定の削除によって韓国の警察は、起訴前に容疑者の身柄を確保して捜査を行なえるようになりました。

入隊基準緩和で激増した米軍のレイプ事件

二〇〇六年以降、米兵による性犯罪が急増した原因は、「資質に欠ける兵士募集」が原因だったという衝撃的な事実が、韓国メディアによって報道されています。

韓国・東亜日報によると「〇八年、米下院政府改革委員会のヘンリー・ワックスマン議長が公開した米国防総省の資料によると、強盗や暴行などの重犯罪の前科がある米軍新兵が、二〇〇六年の二四九人（米陸軍基準）から〇七年には五一一人と二倍以上も増えた」というのです。ワックスマン議長は「イラクとアフガン戦争で兵力が不足したために、無分別に新兵を募集した結果だ」と指摘しています。

この結果、なにが起きたのか。在韓米兵の韓国内での犯罪件数は〇七年の二〇七件から一〇年には三一六件と急増していました。

「前科者」の米兵が増えているのに、そのことが駐留先の韓国国民には知らされていない。これは他人ごとではありません。日本に駐留している米兵も同じだからです。

しかも日本と同じく韓国でも「米兵犯罪が増えているのに、彼らを処罰する規定が不十分」という地位協定の壁の問題が立ちはだかっていたのです。韓米地位協定は、米国が韓国側に裁判権を渡すように要求すれば「その犯罪がとくに重要だと決定される場合」をのぞいて、加害米兵に対する裁判権を放棄しなければならない、と決められています。

このために、韓国が加害米兵、つまり米兵犯罪者に対して裁判権を行使できたのは在韓米軍犯罪全体のわずか五％にすぎません。

韓米地位協定・第二二条5項「刑事裁判権」の「現行犯のみ身柄拘束が可能」「韓国捜査当局の調査や裁判の過程で加害米兵の権利が少しでも侵害されるおそれがあると判断すれば、米軍は韓国側の拘禁要請に応じなくてもよい」というとり決めがあるからです。

日米地位協定もそうですが、基本的に地位協定は「被害者よりも加害米兵の権利が優先・尊重される」という不条理な内容になっているのです。優先され、尊重されるべきは被害者の権利や人権であるべきです。

日米地位協定でも再三問題になりますが、米兵が犯罪をおかしても、それが「公務中」であれば、裁判権（第一次）は米軍にあります。しかも、「公務中」か「公務外」かという判断は、米軍当局の胸三寸という現状です。そうした事情は韓国でも同じで「米軍当局は処罰を最小化するために、米兵の犯罪の大半が公務中に発生したと恣意的に判断して裁判権を得ている」（在韓米軍犯罪根絶運動本部関係者）と指摘されています。その結果、「韓国が裁判権をもつ事件の米兵被告のうち、実刑を受けるのは一年に一、二人にすぎない」というのですから、地位協定は海の向こうの韓国でも、米兵たちの「免法特権」を保障する不平等条約となっていることが伺えます。

改定はばむ「改定の連鎖」の懸念

地位協定（ＳＯＦＡ）の改定には、韓国でもドイツでも米軍は消極的だそうです。派遣先の国内法に違反しても処罰されないような「免法特権」を保障しているのが地位協定ですから、そう簡単には改定を許すはずはありません。

韓国の外交部関係者も「他の国に駐留する米軍関連規定に影響をおよぼす問題であり、米軍が難色を示す問題だ」と改定の困難さを認めています。

それでも韓国では一九六六年に韓米地位協定が締結されて以降、これまで二回（一九九一年、二〇〇一年）改定を実現しています。韓国の外交部関係者は「〇一年の第二次改定では改定までに七、八年間の交渉の末、かろうじて実現した」と語っています。

あいつぐ米兵による性暴行事件に対する韓国国内の「地位協定改正要求」の高まりに、韓国メディア（中央日報）は「〔韓米地位協定は〕何度かの改正過程をへて、不平等議論を触発する条項は相当数改善されてきたが、在韓米軍に対し身分上の特典をあたえる条項が残っているのも事実だ」と指摘し、「海外駐留軍人の身分に対する処遇に現地国民とは一定の差をもうける慣行も国際的に広く認められている」としながらも、「だとしても第二二条5項の改正を積極的に検討するときがきた」（二〇一一年一〇月一四日）として、三度目の改正を求めています。

韓国メディアも「韓米同盟の戦略的意味はますます大きくなる状況にある」という認識をもっています。「日米同盟の深化」を求める日本の主要メディアと同じスタンスで、米国との関係を重視していることがわかります。それでも韓国メディアは「韓国国民の感情を刺激する事件をまともに処理できず、同盟関係が損傷することが頻発するのは望ましくない。同盟が深まるだけに同盟を管理する能力も高まらなければならない」と、政府に毅然《きぜん》とした対応を求めているのです。

一方、「危険な欠陥機」として国民の多くが反対したオスプレイの日本配備問題で、総理大臣が「アメリカにどうこう言える立場にない」と、対米追従の姿勢に終始し、米軍に物が言えない状況にある日本ですから、韓国のように「七、八年間の交渉の末に」などという執念と熱をもって地位協定改定に当たるなどという至難の業を日本の政治家や外交官に求めるのは、土台無理という話かもしれません。（前）

Q&A ⑫

米軍はなぜイラクから戦後八年で完全撤退したのですか？

その理由は簡単です。

イラクが二〇〇八年一一月にアメリカとのあいだで結んだ、いわゆる「イラク・アメリカ地位協定」（正式名称は205ページ）のなかに、三年後の二〇一一年末までに米軍が完全撤退すると定められていたからです。もちろん、撤退直前になるとアメリカ側から激しい圧力が加えられましたが、イラクの交渉担当者はそうした圧力に屈せず踏んばったのです。

この「イラク・アメリカ地位協定」が結ばれる過程と、その条文どおりに実現された三年後の米軍完全撤退を見ると、私たち日本人が常識としている世界観や国際政治の枠組みが、いかに歪《ゆが》んだものであるかがわかります。

「イラクから米軍が完全撤退」というニュースがテレビで流れたのは、二〇一〇年八月のことでした。正確にいうと、このとき撤退したのは戦闘部隊だけで、残る五万人の駐留部隊は二〇一一年の年末に撤退したのですが、多くの日本人がこのニュースを驚きの目で見まもることになりました。

というのも、その二カ月ほど前、沖縄にある米軍基地をたったひとつ、それも閉鎖ではなく、ただ県外に移転させようとしただけの鳩山首相が辞任に追いこまれていたからです。

「どうしてなんだろう」

そう、多くの人が思ったにちがいありません。

鳩山首相ひきいる民主党は、その前年に行なわれた二〇〇九年八月の総選挙で圧勝し、戦後初の「本格的政権交代」をなしとげていました。議席数は衆議院で三〇〇を超え、国民の支持率も高かった。それが、「だれが見ても非常に危険な外国軍基地」をひとつ動かそうとしただけで、官僚やマスコミからバッシングを受け、わずか九カ月で首相の座を追われてしまったのです。

一方、みなさんよくご存じのように、イラクは二〇〇三年のアメリカとの戦争で無残に敗北した国です。同年三月に始まった戦争は、戦闘らしい戦闘もないまま、五月にほぼ終結し、米軍を中心とした軍事占領が開始されました。

あんなに無残に敗れたイラクが、なぜそれから七年で米軍を撤退させられたのか。

それに比べて日本はなぜ、敗戦から七〇年近くたつのに米軍基地ひとつ移転できないのか。

そう思った人は、少なくなかったにちがいありません。

イラクはなぜ、米軍を完全撤退させることができたのか

イラクとアメリカのあいだで行なわれた交渉のくわしい過程があきらかになるには、まだかなり時間がかかりそうですので、ここでは主に「イラク・アメリカ地位協定」の内容を中心に見ていくことにしましょう。

朝日新聞の報道によれば、二〇〇七年末にはじまったイラクとアメリカの交渉は、二〇〇八年一〇月に、おそらくアメリカ側が出したと思われる協定案をタタキ台にはじめられました。

しかしイラク側が頑張ったのは、そのアメリカ側の協定案に対してなんと一一〇カ所もの修正を求めたことでした。その主な部分は、次の五項目だったといいます。

①　協定に米軍撤退を明記する
②　二〇一一年を過ぎても米軍がイラクに駐留しつづけられると読めるようなあいまいな表現は削除する
③　米兵の免責特権をめぐりイラク側の権限を強化する
④　米軍がイラク国内から周辺国へ越境して攻撃することを禁止する条項を追加する
⑤　アメリカの艦船などの搭載物の捜査権をイラクにあたえる

ちょっと驚きますよね。おそらく日本の政治家たちは、右の五つの項目のうち、ひとつでもアメリカに要求しようものなら、自分の命が危ないと本気で思っているのではないでしょうか。

順番に見ていきましょう。

まず①の「協定に米軍撤退を明記する」と、②の「あいまいな表現の削除」です。これは具体的には、次のような条文になりました。

「第二四条（米軍のイラクからの撤退）
1　すべての米軍はイラクの領土から二〇一一年一二月三一日までに撤退する。
2　すべての米軍戦闘部隊は、イラクの安全保障軍がイラクの安全にじゅうぶんな責任を負えるようになるときまでに、イラクの都市部、村落部、地方から撤退するものとする。ただしそのような撤退は二〇〇九年六月三〇日までに完了する」

つまり、米軍はまず二〇〇九年六月末日までに戦闘部隊が都市部から、次いで二〇一一年末までにすべての軍がイラクから完全撤退しなければならない、と言っているのです。*

われわれ日本人にとっては、夢のまた夢のような条文です。ほとんど戦闘らしい戦闘もできず、一方的に負けたイラク。そもそもGDPは日本の五〇分の一しかなく、隣にイランという巨大な敵国をもつイラク。そうした国がなぜこれほど鮮やかに、米軍の撤退条項を地位協定に書きこむことができたのか。

これも答えは簡単です。

もともとこの協定そのものが、米軍の撤退を前提としたものだったから

というのがその答えです。

もう少し説明すると、イラク戦争後、米軍がイラクに駐留する根拠となっていたのは国連決議（安保理決議一四八三）でした。あくまでこの決議にもとづいて「特別の権限」をあたえられたという形をとって、イラクに駐留していたのです。

現代では、昔のように戦争に勝ったからといって、勝った国が負けた国を侵略して領土を拡げることはできません。戦争に勝ったあと、相手国に占領軍として入っていく場合も、国連安保理決議によってなんらかの権限を承認されたという形で、あくまでも秩序が回復したあとは撤退することを前提にして入っていくというのが国際社会のルールなのです。

イラクの場合、日本占領時のGHQ（連合国総司令部）によく似た、CPA（連合国暫定占領当局）という米軍中心の組織が作られました（本部はサダム・フセイン時代の大統領宮殿におかれました）。もともとブッシュ大統領が、イラク占領を過去の日本占領と重ねあわせて考えていたことは有名ですので、似ていても不思議はありません。

そのCPAが権限をもつのは、

「国際的に承認された代表政府がイラク国民により樹立され、責務が引きつがれるまで」

の期間にかぎるとされていました。つまり正統なイラク政府が誕生したら、米軍は撤退するということです。これはポツダム宣言にあった、

「日本国民の自由な意志によって責任ある政府が誕生したら占領軍は撤退する」

という条項と趣旨は同じです。

ですからこうした同じ「占領モデル」のなかで、イラク人がどのように考え、行動し、米軍を撤退させたかを、私たちは知る必要があるのです。

すでにのべたとおり、二〇〇八年一一月に合意された「イラク・アメリカ地位協定」は、当初から「米軍の撤退」を前提としていました。というのもその年の年末に、国連決議（CPAに暫定統治の権限をあたえている国連安保理決議一七九〇号：二〇〇七年一二月一八日）の期限が切れることになっていたからです。

一方、国連決議の期限が切れたあとも、アメリカはイラクに米軍をおきたかった。それはかつて米国の政治学者であるチャルマーズ・ジョンソン氏が鋭く見抜いたように、第二次大戦後のアメリカは、領土拡大のかわりに各国に基地をおき、そのことで世界を支配しようとする「基地帝国」だからです。

そのアメリカとイラクが結んだのが「イラク・アメリカ地位協定」ですが、この協定の正式名称は、

「**米軍のイラク撤退および**米軍が**イラクに暫定《ざんてい》駐留するあいだ**における同軍の活動の組織化に関する米国とイラク共和国とのあいだ**の協定**」

となっていました。長い名称ですが、太字の部分に注目してください。「米軍の**イラク撤退**」と「米軍が**イラクに暫定駐留するあいだ**における同軍の活動」。これからわかるとおり、駐留

米軍の権利を定めたという点では日米地位協定と同じですが、**前提となっているのは「占領の終結と同時に外国軍は撤退する」という大原則なのです。**

よく日本人は、沖縄に米軍がいるのも、首都圏に米軍がいるのも、「戦争に負けたからしかたがない」などといいますが、そんなことはまったくないのです。毅然《きぜん》として、国際社会のルールにのっとって交渉すれば、イラクのような、戦争で惨敗し、GDPは日本の五〇分の一で、隣にイランという巨大な敵国をもつ国でも、米軍を撤退させることは可能なのです。

＊ 冒頭で見たように、実際には米軍の戦闘部隊はなんとか期限後も居座ろうと、二〇一〇年八月まで、なし崩し的に駐留しつづけました。

米兵がイラクで犯した罪はイラクが裁く

日本占領のケースを見てもわかるとおり、**占領の継続とはつまり「戦争で手に入れた特権の維持」ということです。だから可能ならば、なんとかして駐留をつづけようとする。**イラクの場合も、アメリカは最初の交渉では撤退時期を示そうとしませんでした。また二〇一一年末までの撤退が決まったあとも、なんとか二〇一二年以降も一万人の米軍の駐留を認めさせようと、新任のパネッタ国防長官が猛烈な圧力をかけつづけました。

ニューヨークタイムズによれば、パネッタ長官は、

「事態を早く動かすことを希望する。われわれに居ろというのか、出て行けか。こんちくしょう！（Damn it!）ちゃんと決断しろ」（「ニューヨークタイムズ」二〇一一年七月一一日）

とまで言ったといいます。ところがイラク側は、米軍が駐留の絶対条件としている米兵への裁判権に関して妥協せず、ついにパネッタ長官も撤退を決意したのでした。

そのような過程でアメリカがとくに重視したのが、③の問題です。つまり、イラクで米兵、軍属、そして米軍と一体になって治安維持などにあたる民間軍事会社（現在では、アメリカの戦争の相当部分が民間軍事会社によって担《にな》われており、それらの会社から派遣される社員たちは事実上の米兵以外の何者でもありません）の社員を、イラクの裁判権にかからないようにする免責特権の問題でした。

ところが**イラクは「イラクの土地で米兵などが犯した犯罪はイラク人が裁くべきだ」という立場を主張しました。**この強い主張の背景には、二〇〇七年九月にバグダッド市内でアメリカの民間軍事会社ブラックウォーター社の社員が銃を乱射し、多数の市民を殺傷するという事件がありました。

裁判権をめぐる交渉の結果、米兵と軍属に対するイラクの裁判権（第一次）は「公務外」におかされた犯罪に限るとされ、「公務中」か否かの認定も米軍当局が行なうことになりました。この点は日米地位協定と同じになりましたが、ブラックウォーター社のような民間の契約業者に対する裁判権については次のように定められました。

「第一二条　２項
イラクは、アメリカの契約業者およびその社員に対して裁判権を行使する第一次の権利を有する」

つまり、公務中であろうと公務外であろうと、アメリカ側の民間契約会社（員）に対する裁判権はつねにイラクにあるということです。このようにイラク政府はみずからの主張を譲らず、アメリカ政府にとっては大きな痛手となりました。そのことがイラクから軍を撤退させる大きな要因になったとする説もあるほどです。

原則をつらぬくイラク

④の「イラク周辺国への米軍の越境攻撃禁止条項を追加する」ですが、これも注目すべき条項です。

「第二七条　3項
イラクの領土、領海、および領空は、他国への攻撃のための出撃地点や通過地点《トランジット》として利用してはならない」

なぜ注目すべきかというと、**日本人の多くは憲法九条を誇りにしていながら、実はこの条項にあるような米軍への規制（他国への攻撃拠点として自国内の米軍基地を利用することを拒否する）は、過去に一度も行なってこなかったからです。**

右のイラクの条項をなぞっていえば、平和憲法をもつ日本の実態は、
「日本の領土、領海、および領空は、米軍が他国を攻撃するための出撃地点や通過地点として
つねに利用されてきた」

ということになります。

事実、日本にある米軍基地は、朝鮮戦争にはじまり、ベトナム戦争、アフガン戦争、イラク戦争と、つねに米軍の出撃基地となってきました。最近の研究や資料公開などからあきらかになっていることですが、一九六〇年代には最大一二〇〇発もの核兵器が沖縄に配備されており、いつでもそれらが本土の米軍基地に運ばれ、そこから中国やソ連を攻撃できるようになっていたのです。

「イラク・アメリカ地位協定」には、核兵器の持ちこみ（貯蔵）を禁じた次のような条項もあります。

「第七条
〔米軍に許された〕装備の使用および貯蔵は、直接的にも間接的にも大量破壊兵器（化学兵器、核兵器、放射能兵器、生物兵器とそれらの廃棄物）と関連しない。アメリカは（略）貯蔵品の種類と数量について肝心な情報をイラク政府に提供する」

Q&A⑪で、アメリカは自国の艦船の核兵器搭載については、「肯定も否定もしない（Neither

to Confirm Nor Deny＝NCND政策)」という原則をかかげていると書きました。ですから日本では、アメリカ艦船の核兵器搭載について問題にすると、「お前はNCND政策も知らないのか。このど素人が」と言われる。でもニュージーランドは国の方針として、核兵器を積んでないことを証明できないなら寄港を許可しないと決めた。

イラクもこの条文で、堂々と同じようなことを主張しているわけです。

最近の研究や資料公開によって、日本の国家的方針である非核三原則（核兵器を、持たず、つくらず、持ちこませず）のうち、「持ちこませず」は完全な虚構《きょこう》（タテマエと実態がかい離していた）だったという事実があきらかになっています。

このような話をしてくると、みなさんのなかには「近隣に脅威があるにもかかわらず、米軍の行動の自由や核戦略を束縛するようなことを言うのは得策ではないのでは」と考える人がいるかもしれません。たしかにそういう考えもありますが、ここで私たちが注目すべきは、アメリカとの交渉においてイラクがいかにみずからの主義・原則を貫いたかという教訓にあると私（明田川）は思います。

最後に⑤の、アメリカ艦船の搭載物に対する捜査権ですが、それも次のように定められました。

「第一五条（輸出入）
（略）安全保障に関する入手可能な情報にもとづき、イラク当局は、米軍に対して、持ちこまれつつある物品を入れたいかなるコンテナーも、その内容を確認する目的で、同軍の立会いのもと、開けることを要請する権利を有する」

主権国として、たとえ相手が米軍といえども、物品の持ちこみはきちんとチェックするぞという趣旨の条項です。

この問題に関連して、もうひとつ紹介しておきましょう。

「第一四条（出入国）　2項
イラク当局は、米軍基地から直接的にイラクに入国し、またはイラクから出国する米軍人と軍属の名簿を点検し、確認する権利をもつ」

36ページの条文を見てください。日本は米軍基地から自国内に出入りするアメリカ人のチェックを最初から放棄しています。そのためＣＩＡだろうがだれだろうが、日本に入国し放題で、国内にアメリカ人が何人いるのかさえ、政府はまったくわかっていないのです。いかに現在の

日本が国際的にみて異常な状態にあるかわかります。つまり、ひとことで言えば、

「現在の日本は、米軍に占領されていた時代のイラクよりもひどい状況にある」

ということです。そしてその後、二〇一一年末に占領を終結させ、米軍をすべて撤退させたイラクと日本との差は、さらに決定的に広がってしまったのです。

興味深い話があります。このイラクの米軍地位協定をつくったイラク外務省の関係者たち（ハンムード外務次官ほか）は、協定を結ぶ五カ月前、二〇〇八年五月に五日間の日程で日本を訪れ、日米地位協定について熱心に研究していったというのです。

おそらく日本を反面教師としての研究だったのでしょうが、彼らは研究の成果をその後のアメリカとの交渉に見事に役立てたのだと思います。（明）

今度は日本政府がイラクへ行って、地位協定と外国軍の撤退についての勉強をしてきたらどうでしょうか。

フィリピンが**憲法改正**で**米軍**を**撤退**させたというのは**本当**ですか？　それとASEAN《アセアン》はなぜ、**米軍基地**がなくても**大丈夫**なのですか？

フィリピンが米軍基地を撤退させたというのは本当です。さまざまな偶然にも恵まれたとはいえ、フィリピンは一九八六年のアキノ政変後の八七年に新憲法を公布し、九一年に上院が基地存続条約の批准を拒否、九二年までに米軍基地を完全撤退させました。私（石山）は一九九一年から共同通信のマニラ支局長として現地にいて、基地撤退の一部始終をこの目で見る機会に恵まれました。アキノ政変から米軍基地撤退に至る過程は、フィリピン史にとどまらず、世界史的な意味を持った一連の事件だったと思っています。

東南アジア諸国連合（ＡＳＥＡＮ）加盟の一〇カ国内には、ご指摘のように、現在、米軍基地はありません。フィリピンと米国との間には「米比相互防衛条約」という二国間の安全保障条約があります。また、タイやシンガポールの軍も米軍とは合同演習を定期的に行なっています。しかし、ＡＳＥＡＮという地域連合としては非同盟の原則を貫き、軍事力でなく外交で紛争を回避する知恵を積み重ねてきました。米軍基地がなくても、地域の安全保障の仕組みは機能しています。

始まりは一九八六年の民衆革命

フィリピンからの米軍基地の完全撤退は、日本の米軍基地問題を考えるにあたって多くの示唆に富んでいます。

いまの若い人たちはほとんど知らないかもしれませんが、昔、フィリピンにはマルコス大統領という独裁者がいました。東西冷戦のなかで生まれたいわゆる「親米独裁政権」の大統領で、一九六五年から八六年までの二一年間にわたってフィリピンを支配、戒厳令を発布して政敵を逮捕・投獄するなど、非常に強権的な大統領でした。

そのマルコスの最大のライバルで、米国に亡命していたベニグノ・アキノ元上院議員が一九八三年八月、命がけでフィリピンに帰国します。ところが彼はマニラ空港に到着し、タラップを降り始めた直後、後頭部を銃で撃たれ殺されてしまったのです。手を下したのはマルコスの腹心だった人物でした。

この事件にフィリピン国民は怒り、マルコス独裁政権を打倒し、殺されたアキノ元上院議員の妻であるコラソン・アキノを大統領にしようという民主化の動きが爆発的に全土に広がりました。

そして事件から三年後の一九八六年二月、エドサ通りというマニラで一番大きい通りを百万人もの民衆が埋め尽くし、大統領のいるマラカニアン宮殿も包囲して、マルコス政権を打倒したのです。マルコス大統領夫妻は米軍の用意したヘリで宮殿を脱出し、ハワイに亡命しました。

新しい憲法に「外国軍基地の原則禁止」を書きこむ

このマルコス追放劇は、当初「民衆革命《ピープルズ》」などと呼ばれましたが、マルコスに代わって大統領に就任したコラソン・アキノは大地主の家に育った富裕層で、民主化は一定程度進めたものの、極端な貧富の格差などフィリピン社会が抱える根本的な矛盾にまでは手を突っ込もうとしませんでした。大土地所有制解体（農地改革）を訴える農民のデモに軍・警察が発砲して死傷者を出した事件などをきっかけに、「ピープルズ革命」という評価は後退し、現在はたんにアキノ政変と呼ばれるようになっています。

とはいえ、アキノ政変は独裁政権が民衆の蜂起によって無血で打倒されたという点で、まだ東西冷戦下にあった世界では大きな注目を集めました。

三年後の一九八九年には中国で人々が民主化を要求した天安門事件が起こります。これは中国政府による武力弾圧で終わりましたが、同じ年に東欧ではルーマニアのチャウシェスク政権など独裁政権が相次いで崩壊、さらに東西ドイツを隔てていたベルリンの壁の崩壊が続きます。フィリピンにおけるマルコス独裁政権の崩壊は、革命の名に値する社会構造の大変化をもたらすことはありませんでしたが、冷戦末期の世界において民衆の蜂起を促す口火となり、やがて冷戦自体を終結させる大きな炎となって燃え盛りました。

「革命」が「政変」と呼び変えられるようになったあとも、フィリピンでは民族主義（ナショナリズム）の高揚は続きました。民衆蜂起によって追放されたマルコスの後ろ盾に米国の存在があったことをだれもが知っており、反マルコス運動は反米運動にも転化していたからでした。

そういったムードのなか、フィリピンでは新しい憲法の制定作業が始まります。そして**憲法制定委員会の委員を国民から広く公募しました。委員の資格は民族主義者、民主主義者、愛国者であること、知的、道徳面で優れていることなどでした。二千人以上の候補者の中から上院議員の推薦などによって最終的に四八人が大統領から委員に任命されました。**

発足した憲法制定委員会が取り組んだ最大の課題は米軍基地を憲法の中でどう位置づけるかでした。

アキノ大統領は、八六年の政変直後こそ、マルコス独裁体制を裏で支えた米国に批判的でしたが、次第に米国とは良好な関係を持ち続けたいと考えるようになり、少なくとも一定期間は基地存続を容認する姿勢になっていました。

このため、憲法制定委員会内では「外交、安全保障政策の権限は大統領と議会にゆだねるべきで、外国軍基地の問題を憲法に盛りこむ必要はない」との意見もありました。基地問題で大統領の手足を縛らないという意味で当時「オープン・オプション」と呼ばれた考え方でした。

しかし、米軍基地反対派の委員は「基地の存在はフィリピンの指導者たちを米国の政策や利益に従属させ、米国による内政干渉をまねく」と訴え、今後のフィリピンは中立と非同盟を外交の基本政策とすべきであると断固たる論陣を張りました。

最終的に基地反対派の主張は通りました。実際の憲法を作成した憲法起草委員会は「外国軍基地の原則禁止」を条文に書きこむことを決めたのです。

具体的には、米国との間で結ばれていた米比基地協定が一九九一年九月一七日に期限切れを迎えたあとは、新条約を結ばなければ外国軍基地をフィリピン国内に置くことはできないとしました。そして、新条約の承認には「上院議員の三分の二以上の同意」と「議会が要求する場合は国民投票」が必要という非常に厳しい規定を盛りこみました。さらに新憲法は「非核政策を採用、追求する」と規定し、領土内での核兵器の貯蔵または設置を禁止しました。

この新憲法制定後、フィリピンではクーデター未遂事件が相次ぎます。最大のものは八九年一二月のホナサン元中佐による未遂事件で、このときはマニラのオフィス街を反乱軍が占拠、首都は一時大混乱におちいりました。

一方、基地の即時撤退をかかげる左派は、米軍基地の即時撤退をかかげて全国各地でデモをくり広げました。米兵が町中で殺されるテロも相次ぎます。

きな臭い動きが続くなか、米国とフィリピンとの間の基地問題をめぐる予備交渉が九〇年五月から本格化しました。交渉はフィリピン側の団長が当時のラウル・マングラプス外相、副団長がアルフレド・ベンソン保健相、米国側団長が八九年まで国防次官補だったリチャード・アーミテージ氏でした。そう、日本でもよく知られているアーミテージ氏です。

アーミテージ氏はその後のブッシュ政権で二〇〇五年まで国務副長官を務め、在日米軍基地問題や日米同盟をめぐって米側の交渉役を担いました。

ベトナム戦争従軍経験をもち、プロレスラーのような体格をしたアーミテージ氏は民間人となった今も日米関係で大きな発言力をもっており、「日米安保ムラ」の守護神のような人物です。フィリピンでもかつて、彼は似たような役まわりをしたのです。そして、屈辱的な失敗を経験しました。彼の個人史として非常に興味深い部分です。

予備交渉はまず、憲法の規定にのっとり、一九四七年に結ばれた米比基地協定の終了をフィリピン側が米国側に通告することから始まりました。外国軍の基地をおくことが原則禁止となり、まだ例外規定の新条約が結ばれていないため、憲法上は当然の帰結です。一方、マルコス政権下で結ばれた「ラモス・ラスク協定」では「九一年九月一六日まで基地協定は存続する」となっていました。米軍基地もまだそのままフィリピンに残っていましたが、フィリピン側はなかば強引に、前政権下で結ばれた外交協定をまず白紙に戻したのです。そのうえで、新条約を結ぶかどうかの交渉を米国と始めたのでした。

フィリピン側のマングラプス団長、ベンソン副団長が最初の「落とし所」として提示したのは、フィリピン国内に当時あった六カ所の米軍基地・施設のうち、クラーク空軍基地、ジョン・ヘイ保養所（ルソン島バギオ）など五カ所は返還させ、スービック海軍基地のみの当面の継続使用は認めるという妥協案でした。

しかし、この提案にアーミテージ氏は烈火の如く怒りました。以下はフィリピン紙「デイリー・インクワイアラー」に掲載されたベンソン副団長による当時の回想です。私と同じ時期に「赤旗」のマニラ支局長だった松宮敏樹氏の著書『こうして米軍基地は撤去された！　フィリピンの選択』からになりますが、非常に興味深いのでそのまま引用させていただきます。

「広い胸をいっぱいにふくらませて、彼（アーミテージ）は冷静さをなくし、フィリピンの立場を攻撃し続けた。それから、彼は『これでわれわれの関係はおしまいだ』と怒鳴った。彼は会談を決裂させ、アメリカに帰る、と脅しにかかった。『ワシントンと同盟国は激怒している！』と言った。アーミテージは、われわれの立場〔六つの米軍基地のうち、五つを返還するというフィリピン側の提案」をとれば投資は停止する、と警告し、フィリピン人基地労働者は解雇手当ももらえないだろうと脅かした」

アーミテージ氏のこの迫力に日本の外務・防衛官僚なら、いや、大臣でも首相でも震えあがりそうです。実際、二〇〇一年のアフガニスタン戦争の際にアーミテージ氏に「ショー・ザ・フラッグ」と言われて日本は自衛隊をインド洋での給油活動に派遣しました。〇三年のイラク戦争の時にはやはりアーミテージ氏に「ブーツ・オン・ザ・グラウンド」と言われてサマワに自衛隊を派遣しました。いずれのときも似たようなやりとりがあったと想像されます。

しかし、フィリピンの交渉団は肝がすわっていました。

「マングラプス（外相）は驚くほどの冷静さでアーミテージの怒りに対応し、冷静に反論し、フィリピンの立場を守った。……アーミテージはしまいに冷静になった。しかし、このとき以降、私は自分の立場を押し通すことに慣れすぎた人物とわれわれは交渉しているのだ、と思い知らされた」

マングラプス団長は怒り狂うアーミテージ氏にひるみませんでした。考えてみれば、マングラプスは独裁者マルコスと戦って一四年間の亡命を強いられた経験をもつ当時七一歳の老練政治家で一国の外相、アーミテージは当時四五歳の元国防次官補にすぎません。政治家としての格も覚悟も違ったのでしょう。ベンソン副団長の「自分の立場を押し通すことに慣れすぎた人物」というアーミテージ評も実に言い得て妙ではないでしょうか。

予備交渉が続くなか、九一年六月にフィリピンは歴史的大災害に襲われます。ルソン島中部のピナトゥボ火山の大噴火でした。クラーク基地のあったアンヘレス市、スービック基地のあったオロンガポ市も含め、ルソン島中部は火山灰の砂漠のような光景になり、一千万人以上が被災しました。これは二十世紀最大の火山噴火で、成層圏にまで達した大量の火山灰によって地球全体の気温を〇・五度下げたとされています。

フィリピンという国の進路も変えた噴火といえるかもしれません。

噴火から一カ月もしない七月にフィリピンを訪れたアーミテージ氏は、なんとあっさりクラーク空軍基地の一方的撤収を伝えたのでした。フィリピン人被災者の救援活動もほとんどやらず、火山灰で使えなくなった基地をあっけなく放棄したのです。ただし、スービック海軍基地の継続使用は要求し続けました。

そして米比基地協定の期限が切れる一九九一年九月を迎え、憲法の規定にのっとり、上院が新基地条約の批准を採決にかけました。

結果は上院議員二四人中、賛成一一、反対一二（欠席一）と、基地存続派の票数は「上院三分の二以上」どころか過半数にも届きませんでした。この結果、九二年一一月までにすべての米軍基地はフィリピンから撤退します。

米軍基地撤退の決め手となった「ナショナリズムの系譜」

フィリピンが米軍基地を撤退させるにいたった最大の要因は、フィリピンの歴史のなかに連綿と受けつがれている「ナショナリズムの系譜」でした。

アメリカがフィリピンを植民地にする過程で起きた米比戦争（一八九九〜一九一三年）では、少なくとも六〇万人、最大で一〇〇万人ともいわれるフィリピン人が米軍によって虐殺されています。第二次大戦後もフィリピンには米軍基地が残っただけでなく、フィリピンにとって不利な経済協定も結ばれました。「フィリピンは本当の独立を勝ちとっていないんじゃないか」という不満が国民の間ではずっとくすぶっていました。

親米的な国民も多い半面、政治家や文化人が露骨に属米的な発言をすれば国民からバッシングされる。左派の集会であってもフィリピン国歌が歌われ、国旗が揚げられる。その点では与党も野党も、右も左もフィリピンではナショナリズムを否定しません。

一度でも植民地支配を受けた国というのは独立運動をたたかう過程で、そうした国民共通の民族意識が育ち、建国の精神もなんとなくできあがってくる。そこが日本と違うところでしょう。少なくとも第二次大戦後の日本ではナショナリズムが政治運動の核となったことはなく、右翼も保守政治家も経済界も、戦後一貫して対米従属です。一方、対米追随を批判するリベラル派や左翼は、日本の伝統に根差した価値観を封建制度などと一緒にして葬りがちでもあります。

私も職業上、いろいろな国へ行くことがありますが、ここまで対米従属的な国は日本以外に知りません。世界で唯一の国なんじゃないかと思えるほど異常な国の姿なのです。たとえば、太平洋にパラオという小さな島国がありますが、非核憲法を制定して米国に嫌われたために、信託統治領からの独立を米国になかなか認めてもらえませんでした。それを守りぬこうと長いたたかいを続け、一九九〇年代になってようやく独立しています。日本はなぜ、ここまで対米従属なのか。かつての戦争で完膚無きまでに米国に敗北したからでしょうか。

フィリピンには、長い植民地支配による抑圧の歴史が呻《うめ》きのように生み出したナショナリズムの伝統が少なくともありました。それが対米従属のマルコス政権に対する反独裁運動を生み、一九八六年の民衆革命でアキノ政権を誕生させ、憲法改正をへて米軍基地を撤退させるという結果につながっていったのだと思います。

基地撤退後も存続した米比相互防衛条約

一九九二年一一月二四日、スービック海軍基地の星条旗が下ろされ、すべての米軍基地はフィリピン側に返還されました。クラーク空軍基地はピナトゥボ火山の大噴火の影響を受け、その前年にすでに返還されていました。

これによってフィリピンは新しい時代を迎えましたが、**基地撤退後も日米安保条約に似た米比相互防衛条約は、そのまま存続しています。これは米国、フィリピンのどちらかが侵略を受けたら、互いを防衛し合うという条約です。**

基地がなくなったあとも、フィリピンと米国の関係は、特に悪化しているとは思えません。その後、フィリピンでは訪問米軍地位協定（ＶＦＡ）が批准され、ふたたび米軍との合同演習などがくり返されていますが、憲法上の制約があるかぎり、米軍がふたたび基地を作るのは、フィリピンの政治的現実から見てほとんど不可能です。

二〇〇一年の米同時多発テロ以来、米国のフィリピンに対する安全保障上の関与がふたたび強まっているのは事実ですが、巨大な基地があった時代とは大きく変わりました。

フィリピンと米国との安全保障上の現在の関係は「常時駐留なき安保」といえます。鳩山由紀夫元首相、小沢一郎氏らかつての民主党のリベラル派が提唱していたような米国との「駐留なき」安全保障体制への転換を、フィリピンはいまから二〇年前に結果として実現させたといえます。

クラーク、スービックの両基地跡地は、その後、米軍が残したインフラを活かした「経済特区」となりました。二〇年を経た現在、スービック、クラーク両特区とも外資の誘致に成功しており、雇用は数倍に増えています。スービック特区はすでに進出企業で敷地が満杯となり、特区を周辺市町村にまで広げています。クラーク特区は企業誘致だけでなく、国際空港を開港させ、格安航空（LCC）の起点として第二マニラ空港になろうとしています。最近は過密なマニラから首都をクラークに移転しようかという話まで出ているほどです。両特区とも年率三パーセント以上の成長を続けるフィリピン経済をけん引する地域となっています。

仕事を失うことを恐れ、基地存続条約に反対した上院議員に「トマトを投げつけたい」と言っていたかつての基地労働者の多くは「あの時は腹が立ったが、今はこの町にとって本当によかったと思う」と私に話しました。

最近も訪れましたが、スービック、クラークの人々の表情から何よりも感じるのは自信です。自らと家族の将来について前むきな展望を語る人がマニラよりも多く、汚職や犯罪もマニラに比べるとほとんど目立ちません。

二〇〇九年に鳩山民主党政権が誕生して、その後安全保障をめぐってさまざまな議論がかわされていたとき、私もこの「フィリピン・モデル」について現地ルポなどさまざまな記事で紹介しました。基地跡地利用の成功例という点だけでなく、米国との微妙な距離の取り方など、フィリピンのナショナリズムと安全保障外交には学ぶべきものが多々あると考えたからです。

南沙諸島で起きたこと

しかし、フィリピンの事例から学ぶどころか、「日米安保ムラ」の住民が、驚くべきことを言っていることを知りました。

「米軍基地を撤退させたフィリピンは、米軍がいなくなったあと、中国に南シナ海の南沙《なんさ》諸島を実効支配されたじゃないか。だからこそ、尖閣諸島を守るために沖縄の海兵隊は抑止力として必要なのだ」

米軍基地を撤退させたフィリピンの選択は誤りだったかのように、彼らはそう言うのです。代表的な発言者は元首相補佐官で外交評論家の岡本行夫さんでした。岡本さんとはこの発言をめぐり、直接、論争をしたことがあります。事実関係が違うと私は指摘しましたが、岡本さんは「あなたが言っていることと私がフィリピンの軍関係者から聞いていることは違う」と言ってゆずらず、議論は平行線のままでした。

私は二〇一二年にフィリピン海軍船に同乗して南沙諸島海域を訪れ、フィリピンが実効支配している島にも上陸しました。「南沙諸島を実効支配された」と言うと、広大な海域をすべて中国にとられたように聞こえますが、これはまったく違います。

口絵⑯の地図をみてください。フィリピンとベトナムのあいだの海域に、いっぱい島がありますね。地図に書かれているのは四〇ほどですが、本当はもっと多くて一〇〇以上あります。この島や岩礁《がんしょう》を中国、台湾、フィリピン、ベトナム、マレーシア、ブルネイの六カ国・地域が領有権を主張、入り乱れて実効支配しているのが現状です。

フィリピン海軍や各国政府によると、現状の実効支配数はベトナムが二〇以上、フィリピンが九、中国が七以上、マレーシアが五以上。台湾は南沙諸島最大の太平島を支配、ブルネイは南西海域のルイサ礁などの領有権を主張していますが、実効支配はしていません。

このうち英語で「ＩＳＬＡＮＤ」と表記される一三島に限ると、フィリピンは二番目に大きいパグアサ島（英名イトゥアバ島）など七つを現在も実効支配しており、島の数では一番多くもっています。

これは独裁を続けたマルコス大統領の時代にフィリピンに近い海域から順に「主な島」をいち早く押さえたためです。残りの六つの島の支配内訳はベトナムが四、台湾が一、マレーシアが一。南沙諸島の実効支配で出遅れた中国はゼロ。現在支配しているのはいずれも岩礁で、中国はそこをコンクリートで補強して広げ、宿泊所、通信・レーダー施設、灯台、港などを造っています。

安保村の人たちが「フィリピンから米軍基地がなくなったから中国にとられた」というのは、

この地図の真ん中へんにある赤い丸、「美済礁（英名・ミスチーフ礁）」ひとつのことを言っているようです。

この岩礁は、それまでどの国も実効支配しておらず、建物もなかった。南沙諸島にはそういうどの国の支配下にもない岩礁や浅瀬がたくさんあるのです。そこに一九九五年に中国が進出して、構造物を建てたということです。米軍基地の撤退とは関係ありません。

みなさんも、よく「南沙諸島」という言葉は耳にしているでしょうし、そこで中国が侵略的にふるまっているという話を聞いたこともあると思いますが、こうした地図を見る機会は少ないと思います。赤い丸が中国の支配する「島」、オレンジ色のひし形がフィリピン、緑色の四角がベトナム、ピンクの三角がマレーシア、紫の丸が台湾です。

地図を見るとわかるように、むしろ中国は出遅れているのです。というのも、南沙諸島で各国の実効支配が進んだ一九五〇～六〇年代の中国は内政問題がいろいろあってそれどころではなかったためです。

たしかに九五年に中国が支配したミスチーフ礁は、フィリピンが排他的経済水域と主張する中にかなり入った場所で、フィリピンが猛反発したのは事実です。

また、ミスチーフ礁の前にスービ礁などを中国が取ったときに、ベトナムとのあいだで南沙諸島海戦（一九八八年）という戦争が起こり、六〇人以上のベトナム兵が亡くなっているのも事実です。

このため、一九九五年に中国がミスチーフ礁に進出したことをきっかけに、再び争いが起こらないようにということで、ASEAN《アセアン》全体で話し合い、中国との交渉が始まりました。

南シナ海行動宣言とASEAN憲章

その結果、二〇〇二年に中国とASEANが合意にいたったのが「南シナ海行動宣言」でした。その重要な内容は「領有権問題の平和的解決を目指す」「実効支配の拡大を自粛する」の二点です。

つまり、すでにいずれかの国・地域が実効支配している島・岩礁を武力で奪うことをしないだけでなく、現在、どの国・地域の支配下にない島でも、新たに支配下におくことは控えるという取り決めでした。

この原則はその後も守られています。

もちろん小競り合いはあります。たとえば地図の中央上にあるリードバンクという海域ですが、石油や天然ガスが出るため、海底探査をめぐって中国とフィリピンの船がにらみ合ったりということもありました。しかし武力衝突にはいたっていません。

日本の尖閣問題との大きな違いは、領土問題が存在するということについては関係国すべてが認めているということです。

問題の存在を認めなければ、関係国のトップ同士が議題として話し合う環境は生まれず、解決の道筋を築くことはほとんど不可能です。

しかし、領土領有権については譲歩しないと明言したうえであっても、領土問題の存在さえ認めれば、平和解決の枠組みについてトップ同士が話し合いをすることも可能になります。

二〇〇七年一一月、ASEAN加盟国一〇カ国は「ASEAN憲章」に調印しました（発効は翌年一二月）。ASEAN憲章は、国連憲章や国際法を尊重し、「ASEAN議定書」や「首脳会議の決定に従う」など紛争解決の方法を具体的に定めました。これまで通り内政不干渉を掲げつつ、人権を含めた国際法尊重を明文化しています。さらには「核兵器や大量破壊兵器の存在しない地域としての東南アジアを維持する」こともあらためて確認しました。

くり返しになりますが、一九九二年にフィリピンから米軍が撤退して以降、ASEAN加盟国内に外国軍基地は存在しません。国名をあげておきましょう。タイ、フィリピン、マレーシア、インドネシア、シンガポール、ブルネイ、ベトナム、ミャンマー、ラオス、カンボジアの一〇カ国です（加盟順）。

その多くが第二次大戦前は欧米列強の植民地支配に苦しんできた国です。現在は超大国となった中国と国境を接している国もあります。

一九五四年に反共軍事同盟として設立された東南アジア条約機構（ＳＥＡＴＯ）を母体としているＡＳＥＡＮは、長い歴史をかけて域内に加盟国を広げ、他国の主権と国際法を尊重しながら、「平和の知恵」を積み重ねてきました。そうした彼らが積み上げた政治的英知にのっかる形で、ＡＳＥＡＮに日本、中国、韓国を加えた「ＡＳＥＡＮ＋３《アセアンプラススリー》」という枠組みが一九九七年から始まり、すでに一五年以上、首脳会議や外相会議を行なってきています。

また、ＡＳＥＡＮが一九九四年に創設したＡＳＥＡＮ地域フォーラム（ＡＲＦ）は、現在、北朝鮮を含む東アジア全域の国に米国、欧州連合（ＥＵ）も加わる唯一の安全保障をめぐる定期的対話の場となっています。

ＡＳＥＡＮの長年の安全保障外交は、対米追随に終始してきた戦後の日本外交にはない独立性、さらには独創性と評価できる優れた面があります。日本外交が学ぶべき点は多々あると思っています。

（石）

Q&A ⑭

日米地位協定がなぜ、原発事故や再稼働問題、検察の調書ねつ造問題と関係があるのですか？

国内に巨大な外国軍を駐留させ、一〇万人近いその関係者たちに治外法権をあたえつづけた結果、日本の国内法の体系は完全に破壊されてしまいました。

たとえば米軍基地の違憲性を争った一九五九年の砂川裁判では、日本の最高検察庁がアメリカのハーター国務長官の指示どおりの陳述を行ない、田中最高裁長官は大法廷での評議の内容を細かくマッカーサー駐日大使に報告し、アメリカ国務省の考えたロジックにもとづいて判決を出したことが、アメリカの公文書によってあきらかになっています。

憲法を頂点とする表の法体系の裏側で、米軍基地の問題をめぐってアメリカが日本の検察や最高裁を直接指示するという違法な権力行使が日常化してしまった。それが何度もくり返されるうちに、やがて「アメリカの意向」をバックにした日本の官僚たちまでもが、国内法のコントロールを受けない存在になってしまいます。そのことが現在の日本社会における最大の問題となっているのです。

本書に何度も登場する沖縄国際大学の米軍ヘリ墜落事故が起きたのは、いまから九年前のことでした。死者が出なかったのが不思議なくらいの惨状と、現場を封鎖して日本人を排除した米軍の無法なふるまいが、人びとに大きなショックをあたえました。

しかしこの事故のもっとも重大な本質は、飛行機の残がいが撤去され、破壊された建物が修復され、事故の痕跡がすっかり消えてからあきらかになったのです。

つまり米軍は、事故後も危険な訓練をまったくやめようとしなかったのです（⇩236ページ）。それればかりか基地の周辺に住む人の話によると、事故のあと、危険な夜間訓練の時間が夜一〇時までから一一時までに延長されたというのです。

「こんな大事故を起こしたんだから、安全基準を強化しろ」

「いや、もう十分に強化している」

こうした出口のない論争がくり返されましたが、どちらが正しかったかは八年後の二〇一二年になってだれの目にもあきらかになりました。あれほど危険な事故を起こした普天間基地に、なんと、もっとずっと危険なオスプレイが配備されることになったのです。「安全性は確認されている」というふざけた公式見解と共にです。

何かに似ていませんか。

そう、関東・東北地方に住む人なら、すぐにわかるはずです。福島の原発事故です。

あれほどの大事故を起こし、二〇万人近い人びとの家や田畑、故郷を奪っておきながら、それまで「絶対に安全だ」と言いつづけた関係者たちはだれも罪を問われず、責任もとらない。それどころか事故を起こした当事者たちが、「安全性が確保された」などと気が狂ったようなことを言って、原発の再稼働を推進しているのです（ドイツやイタリアやスイスが、福島の事故を見て原発全廃に向かっているにもかかわらずです）。

巨大な事故が起こったのに、警察や検察といった公的機関が現場へ捜査に入らず、事故を起こした側が現場を封鎖して証拠を隠ぺいしたあげく、まじめに再発防止策をとろうともしない。そうしたこともふくめて、**福島の原発事故は文字どおり、普天間のヘリ墜落事故の巨大なコピーだといえるのです。**

どんな巨大な過ちでも、人間であれば犯す可能性はあるでしょう。しかし大きな過ちを犯し無数の人びとを傷つけた当事者が、なんの反省もせずに平然と同じことをくり返そうとする。そこに背筋が寒くなるほど、非人間的な「何か」が存在することがわかるのです。

少し前置きが長くなりましたが、ここでこのふたつの事故の背景にある、わが国最大の秘密

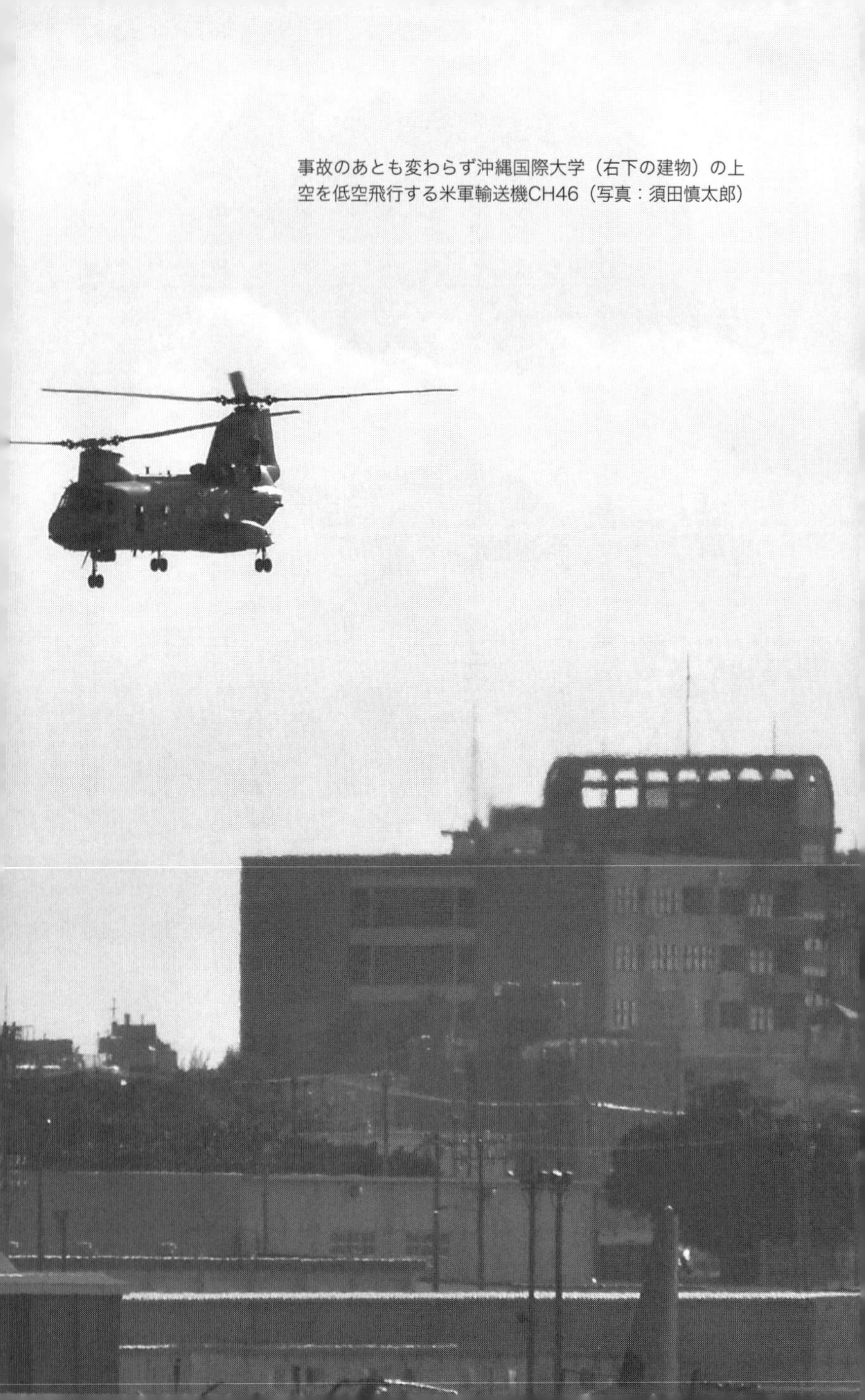

事故のあとも変わらず沖縄国際大学（右下の建物）の上空を低空飛行する米軍輸送機CH46（写真：須田慎太郎）

をご紹介しましょう。秘密といっても、すでに複数の本に書かれていますし、かくいう私（矢部）も一昨年自分の本のなかで書いています。しかし大手メディアがいっさい報じないため、日本全体を見わたしても、知っている人はまだごくわずかのはずです。

いまから五年前に発見され、昨年も重要な発見がつづいて証明されたその秘密とは、

「日本は法治国家ではない」

というみもふたもない事実です。

いやいや、何をバカなことを言っているんだ。ちゃんと交通違反や強盗をした人間は逮捕されているじゃないか。いいかげんなことを言うな！　と叱られるかもしれません。

そうです。われわれ国民は「法律」を犯せば、すぐにつかまったり、罰せられたりしてしまいます。しかしその一方、日本では、国家権力の行使を制限すべき「憲法」が、まったく機能していないのです。ですから「法治国家ではない」というのです。

これはレトリックでも、仮説でもありません。社会科学の分野で、こうした大きな命題が完全に立証されることは珍しいのですが、このことだけはアメリカの公文書によって完全に証明されています。二〇〇八年に全体の構造を示したのは国際問題研究家の新原昭治《にいはらしょうじ》氏、昨年有力

な傍証を発見して証明を完成したのはジャーナリストの末浪靖司《すえなみやすし》氏です。

なにしろ米軍基地をめぐる最高裁での審理において、最高検察庁がアメリカの国務長官の指示通りの最終弁論を行ない、最高裁長官は大法廷での評議の内容を細かく駐日アメリカ大使に報告したあげく、アメリカ国務省の考えた筋書きにそって判決を下したことが、アメリカ側の公文書によってあきらかになっているのです。

そんな国を、どうして法治国家と呼べるでしょうか？

またこのきわめて重大な事実が、大手メディアで大々的に報道されないということ自体が、現在の日本が民主主義国家ではないことのなによりの証明だと思います。

日本の転換点となった砂川裁判とアメリカの介入

なるだけ簡潔に説明していきましょう。一九五九年、日本の戦後史において、あるいは最大の事件といえるかもしれない裁判が、東京地裁と最高裁によって行なわれました。在日米軍が日本国憲法第九条2項の規定に照らして憲法違反（違憲《いけん》）かどうかを争った砂川《すながわ》裁判です。

砂川とは当時、米軍立川基地（東京）のあった場所の名で、現在その跡地は自衛隊立川駐《ちゅう》屯《とん》地《ち》や、昭和天皇記念館のある国営昭和記念公園になっています。

一九五七年七月、米軍立川基地の拡張工事をめぐって、反対派のデモ隊が米軍基地の敷地内に数メートル入ったことを理由に、刑事特別法違反で七人が逮捕されました。この事件の一審裁判で東京地裁・伊達秋雄《だてあきお》裁判長は、在日米軍は憲法第九条2項で持たないことを定めた「戦力」に該当するため、その駐留を認めることは違憲である。したがって刑事特別法の適用は不合理として、被告全員を無罪としました。在日米軍を真正面から「憲法違反」であるとしたこの判決が有名な、その後の六〇年安保や七〇年安保の原点にもなったとされる「伊達《だて》判決」です。

ところがその後、アメリカ側の工作によってこの判決は最高裁でくつがえされてしまいます。その工作の実態があきらかになったのは、二〇〇八年のことでした。国際問題研究家の新原昭治氏がアメリカの膨大な公文書のなかから関連文書を発見したのです。

東京地裁・伊達裁判長が在日米軍の違憲判決を出したのは、一九五九年三月三〇日のことでした。ところが驚くべきことに、判決が出た翌日、すぐにマッカーサー駐日大使（マッカーサー元帥の甥《おい》）が朝の八時に日本の外務大臣と会談し、九時から行なわれる閣議について具体的な指示をあたえていたのです。

一九五九年三月三一日〔**判決の翌日**〕（マッカーサー駐日大使からハーター国務長官へ・極秘電報）

1955年、米軍立川基地の拡張に反対する市民たちと警官が激しく衝突、流血事件がくり返された。これを立川基地のあった土地の地名をとって「砂川闘争」とか、「砂川事件」と呼ぶ。1950年代には本土でも、現在の沖縄と変わらない米軍の「治外法権状態」が存在した。（写真：共同通信社）

「今朝八時に藤山〔外相〕と会い、米軍の駐留と基地を日本国憲法違反とした東京地裁判決について話しあった。**私は、日本政府が迅速な行動をとり東京地裁判決を正すことの重要性を強調した。**（略）

私は、もし自分の理解が正しいなら、**日本政府が直接、最高裁に上告することが非常に重要だと**個人的には感じているとの**べた。**（略）

藤山は全面的に同意するとのべた。（略）**藤山は、今朝九時に開催される閣議でこのことを承認するようにすすめたいと語った**」（アメリカ国立公文書館所蔵資料：新原昭治『日米「密約」外交と人民のたたかい』新日本出版社／ネット上に公開「伊達判決に関する米国政府解禁文書②」http://chikyuza.net/modules/news1/article.php?storyid=641）

マッカーサー大使が藤山外相にすすめているのは、東京高裁をとばして直接最高裁に上告する、いわゆる「跳躍上告《ちょうやくじょうこく》」です。翌年に安保改定をひかえていたため、年内に決着するのが望ましいとの政治的判断からでした。こうした危機的状況の収拾策を、危機が発生した翌日すぐに指示しているのですから、皮肉ではなく大したものだと思います。しかし九時から始まる閣議を前に、マッカーサー大使は八時から藤山外務大臣と会談していたわけですが、いったい話をしていた場所はどこだったのでしょうか。

一九五九年四月一日〔**判決の翌々日**〕（マッカーサー駐日大使からハーター国務長官へ・秘密電報）

「**藤山〔外相〕が本日、内密に会いたいと言ってきた。**藤山は、日本政府〔岸内閣〕が憲法解釈に完全な確信をもっていること（略）を、アメリカ政府に知ってもらいたいとのべた。（略）**法務省は目下、高裁を飛び越して最高裁に跳躍上告する方法と措置について検討中である。**最高裁には三〇〇〇件を超える係争中の案件がかかっているが、**最高裁は本事件に優先権をあたえるであろうことを〔日本〕政府は確信している**」（同前）

　前日あたえた指示を閣議にはかった藤山外務大臣が、翌日さっそくアメリカ大使に報告にきています。このふたつの文書から、すでに、

「アメリカ大使」⇩「外務省」⇩「日本政府」⇩「法務省」⇩「最高裁」
（マッカーサー）　（藤山愛一郎）　（岸信介）　（愛知揆一）　（田中耕太郎）

　という、ウラ側の権力チャネルが存在していることがわかります。さらにこのあとも見てみましょう。約三週間後の電報です。

一九五九年四月二四日（マッカーサー駐日大使からハーター国務長官へ・秘密電報）
「外務省当局者がわれわれに知らせてきたところによると、上訴についての大法廷での審議は、おそらく七月半ばに開始されるだろう。とはいえ、現段階では決定のタイミングを推測するのは無理である。**内密の話し合いで担当裁判長の田中〔耕太郎・最高裁長官〕は〔マッカーサー〕大使に対して、**本件には優先権があたえられているが、日本の手続きでは審議が始まったあと、**決定に到達するまでに少なくとも数カ月かかると語った**」（同前）

田中最高裁長官から駐日アメリカ大使への「状況説明」

五年前に新原さんが発見したのはここまででした。マッカーサー駐日大使から藤山外務大臣への働きかけはじゅうぶんに立証されており、疑問の余地のないものでしたが、田中最高裁長官と裁判そのものへのアメリカの関与がいまひとつよくわかりませんでした。

この点を見事に解明したのが、ジャーナリストの末浪靖司さんです。昨年発表された『9条「解釈改憲」から密約まで　対米従属の正体』（高文研）には、

○田中最高裁長官が伊達判決の一〇年前からアメリカの監視対象となっていたこと

○「ロックフェラー財団による法律書の寄付」を口実に田中長官に対する工作が始まり、アメリカ側の日米安保関係者と田中長官とのあいだに強固なパイプが築かれていったこと
○その結果、田中長官がアメリカ側に対して、最高裁の評議に関してくわしい報告をするようになったこと
○最高裁の判決内容そのものが、アメリカが長期にわたって日本を研究した結果、ふさわしいと判断したものになったこと
○最高裁だけでなく、最高検（最高検察庁）もアメリカの国務長官の指示通りに最終弁論を行なっていたこと（この件は、新原さんが発見した公文書を組みあわせての発見）

などが、アメリカの公文書を使ってあきらかにされています。

一九五九年一一月六日（マッカーサー大使からハーター国務長官へ・極秘電報）
「田中最高裁長官との最近の非公式の会談のなかで、砂川事件について短時間話しあった。**長官は、時期はまだ決まっていないが、最高裁が来年の初めまでには判決を出せるようにしたいと言った。**彼は、一五人の裁判官全員についてもっとも重要な問題は、この事件に取り組むさいの共通の土俵をつくることだと見ていた。**できれば、裁判官全員が一致して適切で現実的な**

基盤に立って事件にとりくむことが重要だと田中長官はのべた。裁判官の幾人かは「手続き上」の観点から事件に接近しているが、他の裁判官は「憲法上」の観点から問題を考えている、ということを長官は示唆した。

（裁判官のうち何人かは、[*1]伊達判事を裁判長とする第一審の東京地裁には、米軍駐留の合憲性について裁定する権限はなく、もともと［基地への］不法侵入という事件についてそれを裁くだけの法的権限しかなく、事件特有の問題をこえてしまっているという、厳密な手続き上の理由に結論を求めようとしていることが私にはわかった。

他の裁判官は、[*2]最高裁はさらに進んで、米軍駐留によって提起されている法律問題それ自体にとり組むべきだと思っているようである。

また、他の裁判官は、[*3]日本国憲法のもとで、条約は憲法より優位にあるかどうかという大きな憲法上の問題にとり組むことを望んでいるのかもしれない。）

田中最高裁長官は、下級審の判決が支持されると思っているという様子は見せなかった。反対に彼は、それ〔伊達判決〕はくつがえされるだろうが、重要なのは一五人のうちのできるだけ多くの裁判官が憲法問題に関わって裁定することだと考えているという印象だった。こうした憲法問題に「下級審の」伊達判事が口出しするのはまったく誤っていたのだ、と彼はのべた」

（アメリカ国立公文書館所蔵資料：末浪靖司『9条「解釈改憲」から密約まで 対米従属の正体』高文研）

どうですか？　遅くても翌年の初めまでに判決を出すこと（結局は当初のマッカーサー大使の計画どおり、年内に判決が出ました）や、その判決が一審判決の破棄になるだろうということなどが、**これほどはっきりと最高裁長官からアメリカ大使に伝えられていたのです。**

ここでおぼえておいていただきたいのは、裁判官たちの一審判決破棄のロジックが、

①　地方裁判所には米軍駐留の合憲性について裁定する権限はない[*1]
②　米軍駐留は合憲である[*2]
③　安保条約は日本国憲法よりも優位（上位）にある[*3]

の三つに分かれているとマッカーサー大使が語っていることです。結局、判決は②と③がミックスした形となりました。その内容についてはあとでくわしく説明します。

アメリカ国務省から最高検察庁への指示

こうして訴訟の当事者である駐日アメリカ大使に、大法廷での評議の内容をレクチャーした田中最高裁長官ですが、もう一方の当事者である最高検察庁もまた、砂川裁判の最終弁論でア

メリカ側が指示した意見をそのまま陳述していたことがわかっています。

　この裁判で弁護側（米軍駐留を違憲とする側）は、一九五八年にアメリカの第七艦隊が現実に紛争の起きている台湾海峡に日本の基地から出動したと主張し、そのことが米軍の駐留が憲法に違反している証拠だと主張しました。

　驚くべきことに、その主張を最高検察庁から聞いた外務省が、まずマッカーサー駐日大使に相談し、次にそのマッカーサー大使がアメリカ国務省に対して、砂川裁判で日本の検察側はどのように反論すべきかを問いあわせていたのです。それに対しハーター国務長官は、台湾海峡危機に際して「日本の基地が実際に使われた」ことを認めた上で、つぎのようなごまかしの陳述をするよう回答しています。

一九五九年九月一四日（ハーター国務長官からマッカーサー駐日大使へ・秘密電報）
「**検察官は次のようにのべてもよい**。『（略）**第七艦隊は、安保条約のもとで日本に出入りしている部隊ではない**。台湾海峡海域でのこの作戦を支援して、**第七艦隊は西太平洋中のさまざまの同艦隊が利用できる基地を利用した**』」（同前：文書発見は新原昭治氏）

　そしてそれから四日後、最高検察庁は、ハーター国務長官の指示どおりの陳述をします。

一九五九年九月一八日　砂川裁判最終弁論における最高検察庁の陳述

「外務省を通じてアメリカ大使館に照会したところ、次のような回答を得た。『〔合衆国艦隊の〕艦船は、**安保条約により日本国内とその付近に配置されたいかなるものもふくんでおらず、日本国内の海軍施設を基地として使っていなかった。**これにより、合衆国の海軍艦船が日本の基地から展開しなかったことはあきらかである』」（同前）

アメリカ側とのくわしいやりとりについては、ネット上に公開されている新原昭治さんの「伊達判決に関する米国政府解禁文書③」（http://chikyuza.net/modules/news1/article.php?storyid=642）を読んでいただきたいのですが、ここで重要なのは、**アメリカの国務長官が日本の最高検察庁に対して、あきらかにごまかしの内容を「検察官は次のようにのべてもよい」と指示し、最高検察庁がその指示どおり陳述したという事実が、アメリカの公文書によって立証されたということです。**

最高検察庁⇅外務省⇅アメリカ大使⇅アメリカ国務省

というウラ側の権力チャネルが機能していることがわかります。

国際政治に関して、かなりの事情通を自認する方でも、アメリカの「圧力」とはもっと間接的なものだと思っていませんでしたか？

ちがいます。最高検察庁の陳述も、最高裁判所の判決も、非常にダイレクトな形でアメリカの国務省から指示および誘導されていたのです。そしてそのアメリカ国務省の長年の研究の結果として生みだされたのが、「戦後日本」の形を決めた「砂川事件最高裁判決」だったのです。

「戦後日本」の転換点となった砂川判決《すながわはんけつ》

○砂川事件最高裁判決

［場　所］東京　最高裁判所

［年月日］一九五九年一二月一六日

［事件名］日米行政協定にともなう刑事特別法違反被告事件

【判決要旨】

一　**憲法九条は、わが国が敗戦の結果、ポツダム宣言を受諾したことに伴い、**日本国民が過去におけるわが国の誤って犯すに至った軍国主義的行動を反省し、政府の行為によって再び戦争の惨禍が起ることのないようにすることを決意し、深く恒久の平和を念願して制定したものであって、前文および九八条2項の国際協調の精神と相まって、わが憲法の特色である平和主義を具体化したものである。

二　憲法九条二項が戦力の不保持を規定したのは、わが国がいわゆる戦力を保持し、自らその主体となって、これに指揮権、管理権を行使することにより、同条第一項において永久に放棄することを定めたいわゆる侵略戦争を引き起すことのないようにするためである。

三　憲法九条はわが国が主権国として有する固有の自衛権をなんら否定してはいない。

四　わが国が、自国の平和と安全とを維持しその存立を全うするために必要な自衛のための措置をとりうることは、国家固有の権能の行使であって、憲法はなんらこれを禁止するものではない。

五　わが国が主体となって指揮権、管理権を行使しえない外国軍隊は、たとえそれがわが国に駐留するとしても憲法九条二項の「戦力」には該当しない。

六　安保条約のごとき、主権国としてのわが国の存立の基礎に重大な関係をもつ高度の政治性を有するものが、違憲であるか否かの法的判断は、純司法的機能を使命とする司法裁判所の審査の原則としてなじまない性質のものであり、それが一見極めて明白に違憲無効であると認められない限りは、裁判所の司法審査権の範囲外にあると解するを相当とする。

七　安保条約（およびこれにもとづくアメリカ合衆国軍隊の駐留）は、憲法第九条、第九八条

2項および前文の趣旨に反して違憲無効であることが一見極めて明白であるとは認められない。

この判決の意味は大きく分けてふたつあります。ひとつは判決要旨の一から五に書かれたように、在日米軍の駐留は戦力を放棄した日本国憲法には反しないということ。その理由としては、憲法第九条2項はポツダム宣言受諾にともなう軍国主義への反省と、憲法前文と第九八条2項によって定められた国際協調の精神とあいまって日本国憲法の特色である平和主義を具体化したものだから、憲法第九条2項が禁じた戦力とは、わが国が主体となって指揮権を行使できる戦力のことであり、わが国に駐留する外国の軍隊はそれに該当しないということがのべられています。さきほどの三つの判決破棄の理由でいうと、②に当たります。

この「在日米軍合憲論」のロジックそのものが、アメリカ国務省きっての理論家で、国際法学者だったジョン・ハワード国務長官特別補佐官が考えだしたものであることが、末浪氏の長年の研究によってあきらかになりました（くわしくは『9条「解釈改憲」から密約まで　対米従属の正体』をお読みください）。

「戦後日本」という国家では、安保を中心としたアメリカとの条約群が、自国の法体系よりも上位に位置している

しかし、この判決のもつ最大の意味は、判決要旨六の内容です。

「安保条約のごとき、主権国としてのわが国の存立の基礎に重大な関係をもつ高度の政治性を有するものが、違憲であるか否かの法的判断は、（略）**裁判所の司法審査権の範囲外にある」**

これこそ「戦後日本」という国家の中核をなす条文です。それはなぜか。この判決文は「安保条約のような高度な政治性をもつ事案については**憲法判断をしない**」とのべています。ところが判決要旨一と七でもとくに言及されている「憲法第九八条２項」（「日本国が締結した条約および確立された国際法規は、これを誠実に遵守することを必要とする」）の一般的解釈では、「条約は憲法以外の国内法に優先する」となっています。ですからこの最高裁判決と、憲法第九八条２項の一般的解釈を重ねあわせると、下の図のような関係が生まれ、**安保を中心としたアメリカとの条約**

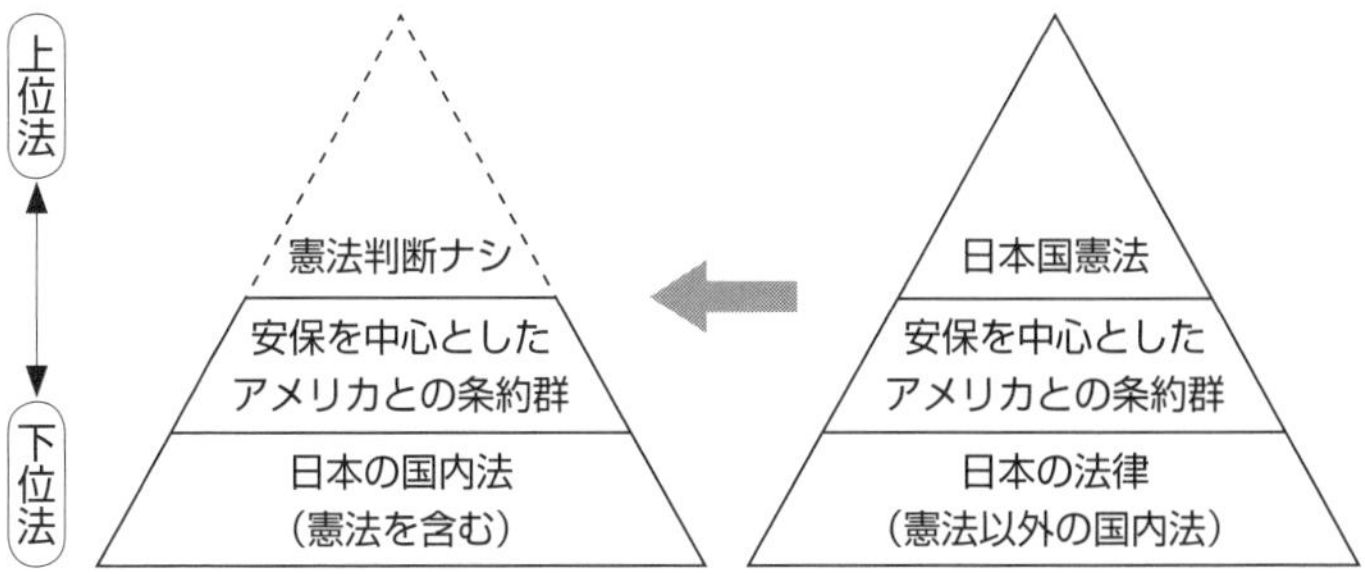

憲法第98条２項の一般的解釈　　砂川判決以降の法体系

群が日本の法体系よりも上位にあるという戦後日本の大原則が確定するのです。

まるで三段論法のような巧妙な形で、247ページでマッカーサー大使がのべていた三つの判決破棄の理由のなかの③が確定したわけです。まだ公文書は見つかっていませんが、②がそうだったように、この③をみちびきだすロジックもまた、アメリカ国務省が「長年の研究」にもとづいて考案したものだった可能性が非常に高いと思います（韓国の例も参照⇩271ページ註）。

鳩山元首相の普天間移設問題のように、いくら政治家が対米自立路線をとろうとしても、官僚がまったくついてこないのはこのせいです。官僚の存在基盤は法律にありますから、下位の法律（日本国憲法）よりも上位の法律（アメリカとの条約）にしたがうのは、きわめてあたりまえの話なのです。

砂川裁判のもつ最大のポイントは、この判決によって、

GHQ＝アメリカ（上位）＞日本政府（下位）

という、占領期に生まれ、その後もおそらくウラ側で温存されていた権力構造が、

安保を中心としたアメリカとの条約群（上位）＞日本の国内法（下位）

という形で法的に確定してしまったことにあります。

Q&A⑤（⇩113〜115ページ）で見た、米軍ヘリの墜落現場における新しいガイドライン（指針）を思いだしてください。まるで植民地のような状況を是正しようとガイドラインを作成したのですが、アメリカ側の巧みな交渉と誘導により、結果として従来の「違法な状態」を全国規模で確定させることになってしまいました。一九六〇年の安保改定ではそれと同じことが、はるかに巨大なスケールで起こったわけです。

さらにもうひとつ、大問題があります。こうしたウラ側の権力構造が法的根拠を得た結果、今度はアメリカだけでなく、アメリカの意向をバックにした日本の官僚たちまでもが、日本の国内法を超越した存在になってしまったということです。

注目していただきたいのは、「憲法判断ができない」と最高裁が決めたのが、「安保条約」そのものではなく、「**安保条約のごとき、**（略）**高度の政治性を有するもの**」というあいまいな定義になっているところです。ここにアメリカ自身ではなく、「アメリカの意向」を知る立場にある（＝解釈する権限をもつ）と自称する日本の官僚たちの法的権限が生まれるのです。

砂川裁判の判決を読めば、少なくとも「国家レベルの安全保障」に関しては、最高裁は憲法判断ができず、この分野に法的コントロールがおよばないことは、ほぼ確定しています。おそらく昨年（二〇一二年）改正された「原子力基本法」に、こっそり「わが国の安全保障に資することを目的として」という言葉が入ったのもそのせいでしょう。これによって今後、原子力に関する国家側の行動はすべて法的コントロールの枠外へ移行する可能性があります。どんなにメチャクチャなことをやっても憲法判断ができず、罰することができないからです。

すでにいまから三五年前の一九七八年、周辺住民が原子炉の設置許可取り消しを求めて争った伊方《いかた》原発訴訟の一審判決で柏木賢吉裁判長は、

「原子炉の設置は国の高度の政策的判断と密接に関連することから、原子炉の設置許可は周辺住民との関係でも国の裁量行為に属する」とのべ、

一九九二年の同訴訟の最高裁判決で小野幹雄裁判長は、

「〔**原発の安全性の審査は**〕原子力工学はもとより、**多方面にわたるきわめて高度な最新の科学的、専門技術的知見にもとづく総合的判断が必要とされる**」から、「原子力委員会の科学的、専門技術的知見にもとづく意見を尊重して行なう**内閣総理大臣の合理的判断にゆだねる**」のが**適当（相当）**であるとのべていました。

このロジックは、先に見た田中耕太郎長官の最高裁判決とまったく同じであることがわかります。**三権分立の立場からアメリカや行政のまちがいに歯止めをかけようという姿勢はどこにもなく、アメリカや行政側の判断に対し、ただ無条件でしたがっているだけです。**田中耕太郎判決のロジックは「統治《とうち》行為論」、柏木賢吉判決のロジックは「裁量《さいりょう》行為論」と呼ばれますが、

どちらも内容は同じです。こうしてアメリカが米軍基地問題に関してあみだした「日本の憲法を機能停止に追いこむための法的トリック」が、次は原子力の分野でも適用されるようになってしまった。その行きついた先が、現実に放射能汚染が進行し、多くの国民が被曝しつづけるなかでの原発再稼働という狂気の政策なのです。

放射性物質は汚染防止法の「適用除外」

次の条文を見てください。悪名高きナチスの全権委任法の第二条です。この法律は、ナチス突撃隊（ＳＡ）や親衛隊（ＳＳ）が国会議事堂をとりかこみ、多くの野党議員を院外に排除するなか、一九三三年三月二四日に可決・制定されました。

「全権委任法第二条
ドイツ政府によって制定された法律は、国会および第二院の制度そのものにかかわるものでないかぎり、**憲法に違反することができる。**ただし、大統領の権限はなんら変わることはない」

この法律の制定によって、当時、世界でもっとも民主的な憲法だったワイマール憲法は死に、ドイツの議会制民主主義と立憲主義も消滅したとされます。その後のドイツは民主主義国家でも、法治国家でもなくなってしまったのです。

「政府は憲法に違反する法律を制定することができる」

これをやったら、もちろんどんな国だって亡ぶに決まっています。しかし日本の場合はすでに見たように、米軍基地問題をきっかけに憲法が機能停止状態に追いこまれ、「アメリカの意向」をバックにした行政官僚たちが平然と憲法違反をくり返すようになりました。すでにのべたとおり憲法とは、主権者である国民から政府への命令、官僚をしばる鎖。それがまったく機能しなくなってしまったのです。

「『法律が憲法に違反できる』というような法律は、いまはどんな独裁国家にも存在しない」と、早稲田大学法学部の水島朝穂教授は言います。（「憲法から時代を読む」Quon Net）

しかし、現在の日本における法体系は、ナチスよりもひどい。法律どころか、「官僚が自分たちでつくった省令や行政指導」でさえ、憲法に違反できる状態になっているのです。

☆　☆

その弊害がもっともよくあらわれたのが、三・一一福島原発事故でした。ひとつ例をあげて説明します。

おそらく、そこにいた全員が、耳を疑ったことでしょう。二〇一一年八月、福島第一原発から四五キロ離れた名門ゴルフ場（サンフィールド二本松ゴルフ倶楽部）が、放射能の除染を求めて東京電力を訴えたときのことです。このゴルフ場はコース内の放射能汚染がひどく、営業停止に追いこまれていたのです。

この裁判で東電側の弁護士は驚愕の主張をしました。

「福島原発の敷地から外に出た放射性物質は、すでに東京電力の所有物ではない「無主物《むしゅぶつ》」である。したがって東京電力にゴルフ場の除染の義務はない」

はぁ？　いったいなにを言ってるんだ。この弁護士はバカなのか？　みなそう思ったといいます。

ところが東京地裁は「所有物でないから除染の義務はない」という主張はさすがに採用しなかったものの、「除染方法や廃棄物処理のあり方が確立していない」という、わけのわからない理由をあげ、東京電力に放射性物質の除去を命じることはできないとしたのです。この判決を報じた本土の大手メディアは、東電側弁護士がめくらましで使った「無主物（だれのものでもないもの）」という法律用語に幻惑され、ただとまどうだけでした。

しかし沖縄の基地問題を知っている人なら、すぐにピンとくるはずです。こうしたどう考えてもおかしな判決が出るときは、その裏に必ずなにか別のロジックが隠されているのです。砂川裁判における「統治行為論」、伊方原発訴訟における「裁量行為論」、米軍機爆音訴訟における「第三者行為論」など、あとになってわかったのは、それらはすべて素人の目をごまかすための無意味なブラックボックスでしかないということです。

原発災害についても、調べてみてわかりました。これまで本書では米軍基地に関して、さまざまな法律上の「適用除外」について説明してきましたが、やはりそうだったのです。Q&A⑥で米軍機が航空法の適用除外になっているため、どんな「無法な」飛行をしても罰せられないと書きましたが、それとまったく同じです。日本には汚染を防止するための立派な法律があるのに、なんと放射性物質はその適用除外となっているのです！

「大気汚染防止法　第二七条　1項
この法律の規定は、放射性物質による大気の汚染およびその防止**については、適用しない**」

「土壌汚染対策法　第二条　1項
この法律において『特定有害物質』とは、鉛、ヒ素、トリクロロエチレンその他の物質（**放射性物質を除く**）であって（略）」

「水質汚濁防止法　第二三条　1項
この法律の規定は、放射性物質による水質の汚濁およびその防止**については、適用しない**」

そしてここが一番のトリックなのですが、環境基本法（第一三条）のなかで、そうした「放射性物質による各種汚染については原子力基本法その他の法律で定める」としておきながら、実はなにも定めていないのです。この重大な事実を最初に指摘したのは、月刊誌「農業経営者」副編集長の浅川芳裕《あさかわよしひろ》氏です（同誌二〇一一年七月号「プロローグ」）。浅川さんは福島の農民Aさんが、環境省の担当者から右の土壌汚染対策法の条文を根拠に、「当省としましては、このたびの放射性物質の放出に違法性はないと認識しております」

と言われたと、はっきり書いています。（「週刊文春二〇一一年七月七日号」）

これでゴルフ場汚染裁判における弁護士の不可解な主張の意味がわかります。**いくらゴルフ場を汚しても、法的には汚染じゃないから除染も賠償もする義務がないのです。家や畑や海や大気も同じです。**ただそれを正直にいうと暴動が起きるので、いまは加害者側のふところが痛まない範囲で勝手な被災基準を設定し、めくらましの法律にもとづいて賠償するフリをしているだけなのです。そのことが今後、しだいにあきらかになっていくはずです。

「現在、われわれは強制収容所に入れられているようなものだ。ただ食べ物とねぐらをあたえておけばいいというのでは、家畜と同じではないか」（二〇一一年一二月「完全賠償を求める総決起大会」）

この言葉は、原発事故によってもっとも深刻な放射能被害を受けながら、正当な賠償をされないまま、町民と共に埼玉県の仮設住宅で暮らす福島県双葉町《ふたばまち》の井戸川克隆《いどがわかつたか》町長の言葉です。同町長は二〇一二年一月、面会した野田首相に対して、次のようにのべました。

「われわれを国民と思っていますか、法のもとの平等が保障されていますか、憲法で守られていますか」

これはまさに戦後七〇年にわたり、そして復帰後四〇年にわたり、沖縄のみなさんがずっと本土の人間に訴えてきた言葉そのものだと思います。だから反原発運動と反米軍基地運動は、やがて必ず手を結ぶことになる。そして何十万人もの福島の人たちが、沖縄のみなさんに学びながら国と戦うことになるでしょう（おそらく日米原子力協定には、本書で解説した日米地位協定と同じような問題があるはずです）。

被災した放射線量の高い地区から子どもたちを集団疎開させるという、きわめて当然の政策さえ、まだまったく行なわれていません。私たち大人は、今後どうすれば憲法をきちんと機能させることができるのか、国民の人権を守る政府をもつことができるのか、真剣に考え、行動する必要があると思います。（矢）

Q&A ⑮

日米合同委員会って何ですか？

「密約製造マシーン」

これが日米合同委員会という謎の組織の実態をひとことであらわす言葉です。でも最初から、あまりに単純できびしい表現をすると、逆に実態をあいまいにしてしまうかもしれません。

正確には、「米軍基地の提供や返還、地位協定の運用に関するすべての事項を協議する場として地位協定第二五条にもとづき設置」されているのが日米合同委員会です。

日米合同委員会は、一九六〇年に日米地位協定が締結されてから、これまで千回を超える委員会が開催されてきました。

開催場所は毎回日米で持ちまわりになっていて、外務省内や東京港区の三田共用会議所、南麻布の米軍施設・ニューサンノーホテルなどが主な会議場として開催されています。定例会は毎月二回の頻度で開催されています。会議場所だけでなく議長も日米が交互に務めています。日本側からは外務省北米局長、米側からは在日米軍副司令官らが出席しています。

どんな内容が合同委員会で話しあわれているのかというと、

① 米軍基地の提供・返還に関する事項
② 地位協定の運用に関する合意

の二つに大別することができます。

外務省が「日米合同委員会の合意のほとんどは米軍基地の提供にかかわるもの」と説明しています。会議後に発表されている中身は、米軍基地の土地の返還や新たな施設の提供といった「秘密性」とは無縁の合意が大部分を占めています。

問題は、発表されない「内容」の実態です。そのなかに、米軍人・軍属・家族をめぐるとり決めや米軍基地の運用にかかわる議案などがあります。たとえば日米地位協定第一七条の刑事裁判手続きの運用改善合意などが行なわれた二〇〇四年の合同委員会合意の発表では、外務省が配布した「日米合同委員会合意（仮訳）」に、日本側が米兵被疑者を取り調べる際に米政府代表者を同席させるという、きわめて簡潔な文言だけが記されていました。実際に合意のなかにあった「捜査に支障がある場合は同席を認めない」ことや、「その他特定の場合」はすべての犯罪が対象になるといった事項は、あくまで「日米間で確認された」という外務省側の口頭での説明に限られ、正式な「合意文」には明文化されていなかったのです。

一九九六年一二月には、日米両政府は地位協定の九項目について運用改善することで合意しています。「日米合同委員会合意の公表」もそのひとつです。合意の公表については「日米合同委員会合意をいっそう公表することを追求する」と書かれています。しかし、最終報告に盛りこまれたのは、あくまでも「合意」内容の公表であって、合意にいたるまでの政府間の協議のやりとりを記した「議事録」の公表ではありません。

どんなやりとりがあって、なにが合意され、なにが合意されなかったのか。米側はなにを受け入れ、なにを拒否したのか。日本政府はなにをどのような理由で要求し、なにを実現し、なにを実現できなかったのか。そのことがどんな意味をもつのか。なにが前進して、なにが停滞しているのか。日米安保のかかえる課題に、日米両政府はどのような判断をしているのか。**いずれも詳細な議事内容の開示が必要なものばかりですが、実際には「表題だけ」が開示されているというのが実態です。**

次ページが日米合同委員会の組織図です。メンバーは、日本側は外務省北米局長を代表に、法務省・防衛省・財務省・農林省の局長クラス。アメリカ側は、在日米軍副司令官を代表に、在日米軍の高官（陸・海・空・海兵の副司令官・参謀長クラス）と在日大使館公使、その下に三四の分科委員会・部会・特別作業班があり、その代表も日本のエリート官僚がつとめています。

日米合同委員会組織図

平成24年2月現在

( )は設置年月日

＊以下「代表」及び「議長」は、日本側代表・議長を示す。

- **日米合同委員会**
  - 日本側代表　外務省北米局長
    - 代表代理
      - 法務省大臣官房長
      - 農林水産省経営局長
      - 防衛省地方協力局長
      - 外務省北米局参事官
      - 財務省大臣官房審議官
  - 米側代表　在日米軍司令部副司令官
    - 代表代理
      - 在日米大使館公使
      - 在日米軍司令部第五部長
      - 在日米陸軍司令部参謀長
      - 在日米空軍司令部副司令官
      - 在日米海軍司令部参謀長
      - 在日米海兵隊基地司令部参謀長
  - 気象分科委員会 (昭35.6.23)
    - 代表　気象庁長官
  - 基本労務契約・船員契約紛争処理小委員会 (昭35.6.23)
    - 代表　法務省大臣官房審議官
  - 刑事裁判管轄権分科委員会 (昭35.6.23)
    - 代表　法務省刑事局公安課長
  - 契約調停委員会 (昭35.6.23)
    - 代表　防衛省地方協力局調達官
  - 財務分科委員会 (昭35.6.23)
    - 代表　財務省大臣官房審議官
  - 施設分科委員会 (昭35.6.23)
    - 代表　防衛省地方協力局次長
    - 海上演習場部会
      - 議長　水産庁漁政部長
    - 建設部会
      - 議長　防衛省地方協力局地方協力企画課長
    - 港湾部会
      - 議長　国土交通省港湾局長
    - 道路橋梁部会
      - 議長　国土交通省道路局長
    - 陸上演習場部会
      - 議長　農林水産省経営局長
    - 施設調整部会
      - 議長　防衛省地方協力局地方調整課長
      - 議長　防衛省地方協力局沖縄調整官
    - 施設整備・移設部会
      - 議長　防衛省地方協力局提供施設課長
    - 沖縄自動車道建設調整特別作業班
      - 議長　防衛省地方協力局沖縄調整官
    - SACO実施部会
      - 議長　防衛省地方協力局沖縄調整官
  - 周波数分科委員会 (昭35.6.23)
    - 代表　総務省総合通信基盤局長
  - 出入国分科委員会 (昭35.6.23)
    - 代表　法務省大臣官房審議官
    - 検疫部会
      - 議長　外務省北米局日米地位協定室補佐
  - 調達調整分科委員会 (昭35.6.23)
    - 代表　経済産業省貿易経済協力局長
  - 通信分科委員会 (昭35.6.23)
    - 代表　総務省総合通信基盤局長
  - 民間航空分科委員会 (昭35.6.23)
    - 代表　国土交通省航空局管制保安部長
  - 民事裁判管轄権分科委員会 (昭35.6.23)
    - 代表　法務省大臣官房審議官
  - 労務分科委員会 (昭35.6.23)
    - 代表　防衛省地方協力局労務管理課長
  - 航空機騒音対策分科委員会 (昭38.9.19)
    - 代表　防衛省地方協力局地方協力企画課長
  - 事故分科委員会 (昭38.1.24)
    - 代表　防衛省地方協力局補償課長
  - 電波障害問題に関する特別分科委員会 (昭41.9.1)
    - 代表　防衛省地方協力局地方協力企画課長
  - 車両通行分科委員会 (昭47.10.18)
    - 代表　国土交通省道路局長
  - 環境分科委員会 (昭51.11.4)
    - 代表　環境省水・大気環境局総務課長
  - 環境問題に係る協力に関する特別分科委員会 (平14.11.27)
    - 代表　外務省北米局参事官
  - 日米合同委員会合意の見直しに関する特別分科委員会 (昭53.6.29)
    - 代表　外務省北米局日米地位協定室長
  - 刑事裁判手続に関する特別専門家委員会 (平7.9.25)
    - 代表　外務省北米局参事官
  - 訓練移転分科委員会 (平8.4.1)
    - 代表　防衛省地方協力局地方調整課長
  - 事件・事故通報手続に関する特別作業部会 (平9.3.20)
    - 代表　外務省北米局日米地位協定室長
  - 事故現場における協力に関する特別分科委員会 (平16.9.14)
    - 代表　外務省北米局参事官
  - 在日米軍再編統括部会 (平18.6.29)
    - 代表　外務省北米局日米安全保障条約課長
    - 防衛省防衛政策局日米防衛協力課長

(外務省ホームページより)

一方、話は少し飛びますが、下はTPPの分科会の一覧図です。私〔前泊〕はTPPそのものについてはあまりくわしくないのですが、日米合同委員会についての知識をあてはめると、TPPの未来については見えてきます。Q&A⑭で見たとおり、安全保障問題について、日米間で結ばれた条約は日本の国内法よりも上位にあります。米軍ヘリ墜落事故のところで見たように、米軍の法的地位は日本政府よりも高く、事実上、行政権も司法権ももっています。

しかしそれがあまりにもあからさまになってしまうと困るので、「日米合同委員会」というブラックボックス（密室）をおき、そこで対等に協議しているふりをしているのです。

結局TPPとは、いままで安全保障の分野だけに限られていた、そうした「アメリカとの条約が国内の法体系よりも上位にある」という構造を、経済関係全体に拡大しようという試みなのです。TPPの二一の分科会での協議がどうなるかは、日米合同委員会を見ればわかります。分科会ごとにアメリカの官僚

TPPの分科会			物品市場アクセス
原産地規則	貿易円滑化	衛生植物検疫	貿易の技術的障害
貿易救済（セーフガード等）	政府調達	知的財産	競争政策
越境サービス貿易	商用関係者の移動	金融サービス	電気通信サービス
電子商取引	投資	環境	労働
制度的事項	紛争解決	協力	分野横断的事項

と日本の官僚がひとりずつ選ばれて代表をつとめ、さも対等に協議しているようなふりをしながら、実際には密室でアメリカ側がすべていいように決めてしまう。そうなることは火を見るよりもあきらかです。

絵本のような歴史

ＴＰＰと日米合同委員会については面白い話があります。ＮＨＫスペシャルで、ＴＰＰの参加問題をめぐって討論が行なわれたときのことです。（二〇一一年一一月一八日「ＮＨＫスペシャル徹底討論ＴＰＰ　どうなる日本」）

政府を代表して、参加推進派の論陣を張ったのは、民主党の山口壮《つよし》外務副大臣。おそらく外務大臣である玄葉光一郎氏がまったくの素人なので、彼をサポートするために任命されたのでしょう。外務省出身の人物です。

その山口外務副大臣が、「一度ＴＰＰに参加表明してしまうと、あとで抜けるのはむずかしい。だいたい日本政府がアメリカと対等な交渉をするのは非常にむずかしいので、慎重に考えるべきだ」と、みずからの経験をまじえて語る榊原英資《さかきばらえいすけ》・元大蔵省財務官に対し、次のように答えました。

「アメリカとの交渉について私がひとつ思いだすのは、戦後すぐに吉田茂さんが交渉したときは、部分講和か全面講和か迷って、そのあとに行政協定で統一指令部、要するに米軍が〔日米の〕全軍を指揮するんだと、それを吉田茂は断りきったんですね。

そのなかでダレス〔アメリカ国務省顧問〕という人がいて、あんまり断るんだったら日本のサンフランシスコ講和条約をオレは上院で批准するのをやめるぞ、ずっと占領国でいろ、そこまで脅《おど》かされた。

だけど吉田茂という人は悩みながら、〔最初の主張を〕守りぬいた。だからいま、日本とアメリカの指揮権というのは並列から始まっているんですね。そのあといろいろな経緯があって、なかなか日本とアメリカとの交渉はそんなに簡単じゃなかったと思います。だけど私たちのアメリカとの関係はそういうオリジン〔出発点〕から始まっているということを、もう一度私も大事にさせていただいて、今日諸先輩から本当に重いアドバイスをいただきましたので、そこは本当に慎重にやらせていただきたいと思っています」

しかしこれは、まったく事実に反しているのです。統一指揮権（合同司令部）については、吉田茂は日米行政協定には書きこまないよう頼んだものの、その後、口頭で了承したことがすでに三〇年前、アメリカの公文書によってあきらかになっているからです。（古関《こせき》彰一《しょういち》・獨協大学法学部教授が発見しました。一九八一年五月二二日号「朝日ジャーナル」）

山口副大臣は、まちがいなく民主党きっての外交通だったと思います。外務省出身のそうしたエキスパートが、まったく史実に反する「絵本のような歴史」にもとづいて外交交渉を行なっている。これでは対米交渉が百戦百敗になるのは当たり前の話です。

なぜこんな話をしたかというと、まさにこの問題、米軍の統一指揮権の問題が実は日米合同委員会の起源だからです。

一九五一年二月、ダレスとの交渉で、日本を再軍備させ、その軍隊を米軍の指揮下におくという内容を見せられたときに、吉田首相はこんなとり決めが国民の目にふれたら大変だ、どうしても削除してほしいと頼んだ。

その代わりに、再軍備問題もふくめた幅広い内容の米軍駐留に関する問題を議論するために、合同委員会を設けたいという提案をしたのです。つまり協定には書かないが、委員会をつくって、あたかも対等に協議しているようなふりをしながら、そこで必ずアメリカの要求どおり決めることにしたわけです。それが現在の合同委員会の起源なのです。

ですからすでにのべたとおり、いまでも地位協定の問題点というと、必ず「合同委員会の透明性の確保」という項目があがります。密室での合意事項をすべて公表しろとか。でも、そもそも国民の目にふれさせられない問題を、密室のなかで決めるための機関なわけですから、透明性が確保されるはずがないのです。**一九五一年に成立した「吉田秘密外交」の最大の負の遺

産、それが日米合同委員会だといえるでしょう。

　さきほどの「絵本のような歴史認識」と似ているのは、二〇一一年一一月にＡＰＥＣの首脳会議でＴＰＰへの交渉に参加することを表明をした野田首相（当時）が、出発する前日の時点でＩＳＤ条項※というＴＰＰの基本知識について、なにも知らなかったことです。いまやネット環境があれば、だれでも普通に知っているＩＳＤ条項を首相が知らない。内容を知らないのにどんどん参加表明だけはしてしまう。野田内閣という一年四カ月つづいた政権が、最初から最後まで日本人の民意とはなんの関係もない存在だったことは、このエピソードをひとつ見ただけでも、すぐにわかります。

（前）

※「投資家対国家間の紛争解決条項」（Investor State Dispute Settlement）：自由貿易協定（ＦＴＡ）を結んだ国の企業が、相手国の政府が外国資本や企業に対して差別的対応をとったことで損害をこうむったと判断した場合、その国の政府に対して賠償を求めることができるとした条項。二〇一二年に発効した米韓ＦＴＡにも導入されています。

　Ｑ＆Ａ⑭で見た日本における「条約＞国内法」という関係と同じく、韓国の憲法解釈においても「国際条約は既存の国内法に優先する」とされています。ところがなんと米韓ＦＴＡの条文のなかで、「アメリカの国内法は米韓ＦＴＡの条項に優先する」ことが決められているのです！（「米韓ＦＴＡ実施法」第一〇二条ａ項‐１「合衆国のいかなる法に反する協定のいかなる条項も、またそうしたいかなる条項のいかなる人または状況への適用も、効力を有しない」）

　つまり「アメリカの国内法＞米韓ＦＴＡ実施法＞韓国の国内法」となり、韓国の経済植民地化が確定してしまいました。日本がＴＰＰに参加すれば、同じことが起こることは確実です。

Q&A ⑯

米軍基地問題と原発問題にはどのような共通点があるのですか？

この二つの問題には多くの共通点があります。このあとそれぞれ説明しますが、大きく分けて、

① 根拠の乏しい「安全神話」の流布《るふ》
② 恩恵を受ける人間と負担をする人間が別であるという「受益と被害の分離」
③ 管理・運営・危機管理の「他人任せ」
④ 抜本的解決・対処策を担うべき政策担当者や専門家らの「思考停止」
⑤ 事故や事件を防ぎチェックする側と施設を運営する側の「なれ合い」
⑥ 国民全体の生命・財産にかかる重要情報にもかかわらず、なぜか開示されないという情報の「隠《いん》ぺい体質」
⑦ 重大な問題にも関わらず、共通する「国民の無知と無関心」

の七つがあります。

日米開戦から七〇年の節目を迎えた一昨年（二〇一一年）、日本は大災害に見まわれました。死者・行方不明者が二万人を超える未曾有の大災害、東日本大震災でした。

震災は大津波による東北一帯の大規模な破壊とともに福島原子力発電所を破壊し、放射能漏れと放射能汚染という深刻な事態をまねいています。原発事故では米軍が「トモダチ作戦」で対応に当たるなど、日米同盟の災害救援発動が大きく喧伝《けんでん》されました。

日米開戦が、アメリカによる人類史上初の「原爆」の日本投下によって終戦をむかえ、その後の占領政策として米軍は日本駐留を開始しました。連合国軍（実際には米軍）による日本占領は、一九五二年四月二八日のサンフランシスコ講和条約の締結・発効によって終了したはずでした。

ところが実際には、本書でもふれたようにアメリカは日本との安全保障条約（日米安保）を締結することで、占領期と同じように日本国内での米軍駐留を継続しています。戦後六八年をへてなお、日本には一〇万人近い米軍人、軍属、その家族らが駐留をつづけているのです。

米軍と原子力という二つのキーワードが、日米開戦七〇年の節目に奇《く》しくも日本でリンクしたのは歴史の皮肉だったのでしょうか。

その米軍基地問題と原発（原子力）問題には、冒頭に示したとおり、多くの共通点があります。

①まず「安全神話」の問題からいくと、基地と安保、原発に関する「安全」情報の発信源はどちらも「政府」です。ところが基地も原発も、その必要性や安全性についての論理的な説明は不十分という点で共通しています。

論拠や根拠の乏しい説明不足の「安全神話」は、よく聞くと矛盾に満ちています。しかし、そうした矛盾や説明不足は、基地や原発をかかえる地域への国からの「交付金」によってごまかされつづけているのです。

安全性の「論議」そのものを封じこめるために、施設の受け入れと引き換えに実施される高額な交付金や補償金、手厚い雇用政策や失業対策、地域振興政策などが実施されるのも基地と原発に共通しています。

米軍基地をかかえる自治体への基地交付金や地主たちへの高額な軍用地料によって生まれた地域経済の「基地依存経済化」と、原発交付金による「原発依存経済化」は多くの点で共通しています。あたかも政府が地域を補助金によって「麻薬漬け」にしているかのような印象すらうけるほどです。

一度、米軍基地や原子力発電所を受け入れてしまうと、政府や巨大な電力会社によって財政も経済も雇用も振興策もすべて「基地・原発依存」体制が構築され、二度と依存体制から脱却できない「依存経済」の呪縛にはまってしまいます。そうなれば、もはや自力で自主財政や自立経済を構築することは不可能な状態となってしまうのです。

②「受益と被害の分離」というのも、基地と原発に共通する課題です。福島第一原発は、東京電力のものです。福島県は東北電力の管内にあるのに、なぜ東京電力の原発があるのか、不思議でした。調べてみると東京電力は、一九五一年の創立以来、現在に至るまで、事業地域（つまり自社管内エリア）に自社の保有する原子力発電所を置かない電力会社として知られているというのです。原発は安全で安価な発電施設といいながら、自分の営業エリアには原発はつくらない。おかしな話です。

福島原発の発電の受益者は遠く離れた東京など大都市が中心ですが、放射能漏れなどの重大な汚染被害は発電所周辺に集中して、原発の受益者である大都市圏の住民は被害の外側にいます。

米軍基地の場合は米軍駐留による「抑止力（その根拠については論議が必要です）」など広い意味での「安全保障」の恩恵は全国が享受し、米軍駐留による軍用地料は基地に土地を奪われたものの基地から遠く離れた場所に住む軍用地主たちに配分されますが、フェンス一枚へだてて基地に土地をとられなかった周辺の人たちは米軍基地がもたらす爆音被害や演習被害、環境汚染、そして米兵犯罪の被害だけを押しつけられることになります。米軍基地がもたらす「安全（それが本当かどうかはまた別の問題です）」という受益は基地から遠く離れた人たちが享受し、被害は基地に近接する住民が背負う。被害と受益の分離は、同じ国民の間で格差や差別を生むという実態があります。

③問題の解決や運用上の安全対策について「他人任せ」であるという点でも、基地と原発問題は共通しています。どちらにも職責をきちんとはたせる「責任者」がおらず、基地被害や放射能漏れなどの問題に対する担当者の「当事者意識の欠落」も共通しています。問題の解決は本来なら国の責任で行なわれるべきものですが、実際には「自治体任せ」となっています。基地被害、原発被災の「僻地《へきち》への押しつけ」という現実があります。

国家規模のエネルギー政策にもかかわらず、原発の設置や安全管理、事故対策・対応などすべて民間の「電力会社任せ」という政府の無責任ぶりが、福島原発問題で浮き彫りになっています。

一方、米軍基地問題では、安保に関する専門家の不在によって、安全保障政策の立案、作成、実施などはすべて「アメリカ任せ」、米軍駐留・基地負担はその七四％（在日米軍専用施設の沖縄集中度）を沖縄県に押しつけるといういう「沖縄任せ」が実態です。

④このように基地・安保問題や原発問題が深刻化していく背景には、政府だけでなく、そうした問題に対する専門家、担当者、そして国民の深刻な「思考停止」があります。脱原発について本格的なアイデアが出てこないのは、クリーンエネルギーや代替エネルギーといった脱原発政策について、議論そのものを封印してきた思考停止がまねいたつけともいえます。

同じく、脱日米安保、脱基地政策についてなにもアイデアが出てこないのは、米軍普天間問題における辺野古移設への固執や、根拠や論拠が希薄な「米軍駐留の抑止力」への妄信、アジア共同体論議や多国間安保論議、脱日米安保や総合安全保障政策論議の封印などといった思考停止状態がまねいたつけです。これも共通しています。

⑤「なれ合い」も共通した問題です。原発問題では原発事故当事者（電力会社）と監督官庁（経産省、原子力保安院）のあいだに存在した、天下り人事や交流人事、利権の分配などの「なれ合い体質」「なれ合い体制」が監視・管理体制の不備の原因だったと指摘されています。基地問題では米軍と自衛隊の合同・共同訓練の実施、米国と日本の防衛・外務官僚のなれ合いや日本官僚の米国官僚への盲従ぶりが問題を深化させ、解決を困難にしてきました。

日本の官僚たちの対米従属のひどさは、二〇一一年五月の「ウィキリークス」によるアメリカ政府の公電大量リークであきらかになっています。沖縄駐留海兵隊のグアム移転では、実際には「三千人程度」の移駐にもかかわらず「八千人移駐」を日米の官僚がなれ合いで合意し、グアム移転費用の不当な水増しを行なっていました。一兆円規模の予算を、日米の官僚たちが垂れ流す。そんな売国的な背信行為の数々も、関わった官僚たちの実名とともに政府の公電であきらかになったのです。

⑥民主主義国家として重視すべき共通の問題は、「重要情報の隠ぺい」です。米軍基地問題でも原発問題でも、事件や事故は隠ぺいされ、その結果、対策は遅れ、安全対策や再発防止などに必要な正確な情報が開示されないという実態が次々にあきらかになっています。

今回の福島第一原発での放射能漏れに関しては、「震災でなく人災」とまでいわれるように、事実や情報が隠ぺいされ住民の避難を遅らせ、被害を拡大する要因となったとされています。メルトダウン（炉心溶融）やメルトアウト（核燃料の原子炉建屋《たてや》外への漏出《ろうしゅつ》）情報も隠ぺいされ、放射能汚染に関する情報や避難の指示などが決定的に遅れてしまいました。震災時に政権の座にあった菅直人首相が、原発事故の実態や放射能漏れの正確な情報を開示したのは、事故から一年もたってからの話です。こうした重要情報の隠ぺいは、政権政党、政府・官僚に対する国民の強烈な不信感をまねいています。

米軍基地問題では現在まで、「情報隠ぺい」体質を何度も指摘されながら、改善の動きはまったくありません。アメリカの原子力潜水艦が放射能漏れを起こしながら、沖縄や佐世保、横須賀に寄港をくり返していたことが公表されたのは事件から一〇年後でした。米軍機や基地内からのジェット燃料漏れは事故から数日後。水銀やヒ素、PCBなど重大汚染の発覚も米軍基地の返還後という具合です。

沖縄返還の際の日本政府の裏金支出などの「日米密約」問題は、片方の当事者である米国は認め、資料を開示しているのに、日本政府は復帰後四〇年近くをへてもなお、裁判で国が資料や事実の存在を否定、あるいは「資料の不存在」を理由に開示拒否しています（沖縄密約裁判＝元毎日新聞記者らが外交文書の公開を求めた裁判。いわゆる西山事件）。

民主主義にとってもっとも重要なことは、健全で的確な判断が行なえるように正確な情報が適時・適正に発信・提供されることであり、より正確な情報にもとづき下された判断を政府や政策決定機関は尊重し、民意にしたがうということです。

ところが、米軍基地問題や原発問題では、提供される情報の遅れや不正確さ、必要な情報の不開示による「安全情報」の神話化、膨大な補助金や交付金による「論議の封殺」、事故の発生事実の隠ぺい、不誠実で実効性の乏しい再発防止策などで共通しています。

⑦問題解決の鍵は、問題の根底にある「国民の無知と無関心」という病根をどうやって除去す

るかにあります。原発地域のかかえる悩みや苦しみに対する国民全体の関心のなさ、原発がかかえる危険性、安全神話に対する国民の無知と無関心が原発問題の根底にはあります。

同じく在日米軍基地問題の解決をはばむ原因の根底には、日米同盟、日米安保、日本の安全保障政策、米軍基地をかかえる地域の基地被害や米兵犯罪被害、地域経済の基地依存化による地域共同体や地域経済の破壊、軍事だけに依存した安保の危険性や脆弱《ぜいじゃく》性に関する国民の「思考停止」や「無知と無関心」があります。

日米の「危うい民主主義」の現実

日米開戦七〇年を「沖縄」からふり返ると、日米関係は、アメリカの戦勝（＝日本の敗戦）による占領統治体制のなかで構築された「支配と被支配の関係」が、一九五二年のサンフランシスコ講和条約発効後も維持・継続されているように思えます。

日本は本来、米国の被占領地や植民地ではないはずなのに「万」を超す他国の軍隊が、首都や周辺に展開し、軍民を問わず空港・港湾など重要施設の有事自由使用を許され、認められています。

駐留軍兵士の犯罪は見すごされ、犯罪米兵に対する裁判権は十分に執行できず、再発防止も駐留軍隊任せ。同じ敗戦国のイタリアやドイツでも尊重・遵守《じゅんしゅ》されている「国内法」はないがしろにされています。

駐留米軍の駐留経費の七五％を負担させられるうえ、根拠のない（協定上とり決めのない）費用までも「思いやり」予算として超法規的に負担を強いられ、米軍の基地使用で生じた住民被害に対する補償費用もそのほとんどを負担させられています。

「基地被害・負担の軽減のため」という建前を突きつけられて、民意に反する他国の軍隊の新基地建設（普天間飛行場の辺野古への「移転」問題）を強行させられたり、新基地建設の費用までも、「日本が移設を要求したから」という意味不明な理屈で全額負担させられる。日本の主要なメディアまでもが「日米同盟の危機」を訴え、民意を無視した辺野古の新基地建設強行に手を貸す。そんな現実を目の当たりにしつづけている沖縄県民からすれば、日本は本当に「独立国家」「主権国家」「民主主義国家」なのかという疑念が当然生まれてきます。

「はじめに」でも書いたように、国内外の学者、研究者からは「いまだ米国の属領か、被占領国」「米国の植民地」という指摘が出ています。

日米開戦七〇年を総括するならば、戦勝国・敗戦国という米日の「主従関係」から日本がいかに抜けだし、国民の意見を基に国家政策を決定できる真の主権国家、独立国家、民主主義国家としての「日本」をどう構築するかが最大の課題といえるでしょう。

（前）

Q&A ⑰

なぜ地位協定の問題は解決できないのですか？

「改定」を拒むアメリカの無関心

地位協定の改定が実現しないのはなぜでしょうか。

国会議員や改定に取り組む民間NGOのメンバー、沖縄県など行政担当者、そして外務官僚や防衛官僚、そのOBらにたずねてみました。

答はたくさん出てきました。

「地位協定は短い条文だが、難解で不可解な条文なうえに、密約もたくさんあって実態がわからない」

「実際に運用に不可欠な日米合同委員会の合意内容が開示されていないので、改定しようがない」

「協定で決めても、恣意的な運用ができるような文面になっていて、協定を改定しても意味がない」

「改定に意欲をもつ外務官僚もいないし、政治家もいない」

「そもそも地位協定を改定できるだけの能力をもった人材がいない」

「国民が地位協定に無関心で、改定の機運が生まれようがない」

「地位協定の改定は、日米安保の根幹を揺るがすことになる。そんなリスクを冒すほどの改定のメリットが浮かばない」

「アメリカが改定に応じるはずがないし、アメリカに改定を求めるような政治家も外交官も日本にはいない」

「地位協定の改定の必要性をだれも感じていない」

聞けば聞くほど、たずねればたずねるほど、問えば問うほどに「できない理由」が次々と出てきます。国民の無知と無関心、官僚や政治家の無能力と無気力、そして地位協定の難解さ、無数の「密約」による不透明さ、運用のあいまいさ、恣意的な運用を可能とする日米関係の不均衡……。

なぜ日米地位協定の改定は実現しないのか。答を探して、アメリカに取材に出かけたときの話も紹介しましょう。

二〇〇五年五月に訪れたアメリカで、米軍基地問題について国防総省や国務省、有力シンクタンクなどを直接取材する機会を得ました。それもアメリカ国務省の招待旅行での話です。取材の旅は、五月五日から一〇日間をワシントンDC、つづいてニューヨーク、インディアナポリス、サンディエゴ、そして米太平洋軍の総司令部があるハワイの五都市を、ほぼ五日置きに移動する強行スケジュールでした。

アメリカ国内の都市を移動するたびに時差が生じて、移動の度に時計の針をまわして調整していました。国内の移動だけでも五時間の時差がある。それだけでも、米国はやはり巨大な国であることを実感させられます。

時速数百キロで飛ぶ航空機ですが、飛べども飛べどもたどりつけない西海岸から東海岸までの距離。飛びつづけている航空機のなかから見おろす大陸の大半が農地として開拓され、見わたすかぎり、緑を基調にした農産物が豊かな実りを誇っています。

当時の米国の人口は、二億八〇〇〇万人。その国民が食べてありあまるだけの農産物を生産し、余剰を世界各国に輸出している。米国は世界最大の農業大国です。資源の大半を海外に依存する日本に比べ、米国は石油、石炭、鉄鋼などありとあらゆる天然資源に恵まれている。これだけの国が、なぜ海外に進出し、世界の富を調達する理由があるのか。各地をまわればまわるほど、疑問がわいてきます。

米国の学者から、こんな数字を聞きました。

「世界人口の三％にすぎない米国人が、地球上の資源の四五％を消費している」

愕然《がくぜん》とする数字です。本当にそうだとするならば、米国はどこまで世界を食べつくしてしまうのかと心配になりました。

米本国のめまいがするほどの広大さに比べると、沖縄本島などは航空機なら数分で横断してしまうほどの小島です。その小島の総面積の二割を米国が占拠し、軍事基地を置き、軍人・軍属・家族をふくめて五万人近い米国人を住まわせている。ありあまる土地と資源をもつ国が、限られた土地に肩寄せあって生きる島民の土地をとりあげ、戦後七〇年近くも居すわりつづけているのです。

米国滞在中に訪問した米国の首都ワシントンや商都ニューヨーク、内陸のインディアナポリス、海軍基地として栄えるサンディエゴ、そしてハワイで訪問しインタビューした一〇〇人近い方々にこんな質問を投げかけました。

「沖縄を知っていますか」

「沖縄に行ったことはありますか」
「沖縄に五万人近い米国人が住んでいることを知っていますか」
「三万人近い米軍人がいる東アジア一の巨大な米軍基地があることを知っていますか」
「年間一〇〇件前後の米軍犯罪が沖縄住民を苦しめていることを知っていますか」
「住宅密集地上空での米軍機の飛行訓練が爆音被害を及ぼし訴訟になっていることを知っていますか」
「日本政府は米軍犯罪者の身柄すら簡単には拘束できないことを知っていますか」
「訓練中の米軍ヘリが大学に墜落しても日本の警察は捜査権を発揮できないことを知っていますか」
「税金の上でも米軍は日本で優遇されていることを知っていますか」
「米軍の駐留のために日本政府は毎年約六〇〇〇億円（当時のレートで七二億ドル）もの税金を使っていることを知っていますか」
「海外の米軍基地は、米国の国内法も派遣先の国内法も適用できない無法状態に近いことを知っていますか」
　そして、
「日米地位協定（ＳＯＦＡ）を知っていますか」

米国人は沖縄を「知らない」

沖縄の「存在」を主張し、強調する私に米国の研究者はこう指摘しました。

「残念ですが、米国人のおそらく九九パーセントは、沖縄を知らないと思っていいでしょう」

別の米国ワシントンのシンクタンクの米国人研究者は、こう耳打ちしてくれました。

「米国人ほど外国を知らない田舎モノはいない。彼らは先進国のなかでもっとも海外に出る機会がなく、その必要性も感じないままに生きている」

別のシンクタンクの米国人研究者に、その指摘を伝えると、

「それはそうでしょう。海外に出て行く必要など感じないで生きていける。米国は豊かな国ですから」

と言われました。

別のシンクタンクではこんな話をしてくれました。

「沖縄を知らないのは当然です。なにしろ、自分たちがいま戦争しているイラクですら、世界地図のどこにあるのか、正確に指でさせる米国民は三〇パーセントもいないという調査結果すらあるのですから」

数万、あるいは十数万人にも上るかもしれないイラク国民を「大量破壊兵器を保有している」という「疑惑」だけで、爆撃し、虐殺したにもかかわらず、その国がどこにあるのか国民の多くが知らないとしたら、殺されたイラク国民はどれほど無念でしょうか。

「イラク戦争で、イラク軍やゲリラに殺された米国人は一千人を超えた」と数え、「今日も一人殺された」と報道する米国メディアでしたが、自国の軍隊が殺した相手国の民間人の数は報道しないし、統計やその開示を求める気配もなかったのです。

「戦争が始まると、戦意を喪失させるような報道は控えるのは仕方のないことです」と米大手メディアの幹部は言ってのけます。でも、米国民は米国軍隊が殺した数を知る「権利」があるし、知るべき「義務」があると思います。そうでなければ、なぜ米国がテロ攻撃を受けるのか、恨みの対象になっているのかを把握できなくなってしまうのではないでしょうか。

数万、十数万人の人びとが殺されたかもしれないイラクでさえ十分に認知されていない米国では、「年間一〇〇件を超す米兵犯罪が起きている島」など、認知されるはずもないのかと途方にくれました。

おそらく東アジアで最大の米国人の人口密集地が「沖縄」です。それにもかかわらず、「五万人？　そんなに多くの米国人が沖縄には住んでいるんですか」と驚く米国の著名なシンクタンクの研究員の反応を前に、さらに愕然《がくぜん》としました。

こんな状況ですから、日米地位協定の問題など、知るはずがありません。もしかしたら日米安保についても知っている人は、ほとんどいないかもしれない。そんな気になりました。その後、「日米安保を知っているのは、ワシントンの国防総省や国務省の一部の職員、国防長官、国務長官、その下の次官、次官補、次官補代理などジャパンハンドラーといわれる少数の職員に限られている」という話も聞きました。

いまも忘れられた島・沖縄

そんな状況を前に、私は終戦直後の米誌「タイム」の沖縄報道を思いだしていました。戦後、米軍統治下に入った沖縄は、「銃剣とブルドーザー」で米軍に土地を強制接収され、広大な基地を建設されました。そのうえで産業という産業を破壊され、大人たちは基地建設に駆りだされ、基地建設後は基地労働者としての労働を余儀なくされるという環境におかれました。財産権のみならず基本的人権を侵害され、住民自治の権利などは「神話」とさえ思えた暗黒の時代です。多発する米軍犯罪は千件を超えました。莫大な国費を投じた基地建設、「世界の警察」を自認する米国軍隊による重大な人権侵害。それらの実態を、米国国民はいっさい知らなかったのです。

米国民が南の小さな島で行なわれている「米国の息子たち」による暴虐のかぎりと暴政の実態を知るのは、一九四九年一一月、二〇代の勇気ある若き米国人ジャーナリスト、フランク・ギブニー記者（のちにTBSブリタニカ会長、二〇〇六年死去）が書いた雑誌「タイム」の記事によってでした。記事のタイトルが、あの有名な「沖縄—忘れられた島」でした。

米国議会での支出反対の声をねじふせ、莫大な血税を投じて米軍基地を建設しているにもかかわらず、米国民がその存在を忘れている島。それが沖縄だったのです。しかも、そこでは米国民が想像もできないような軍事政権による暴政が行なわれていたのです。

ギブニー記者の報道を契機に、日米両政府は沖縄における軍政の実態調査に乗りだし、日本の本土のメディアも記者を沖縄に派遣し、米軍政の暴虐ぶりを暴いていきました。そしてみずからの暴政をメディアによって世界に暴かれた米軍は、ようやく沖縄統治の見直しを始めたのです。しかし、やはり状況が根本的に改められることはなく、やがて沖縄住民は米軍政からの脱却を求めるようになります。それが沖縄の「本土復帰運動」でした。

結局、米軍による暴政にとどめを刺したのは、沖縄の住民による自治権回復と本土復帰運動の成功でした。日米地位協定の問題を考えるとき、沖縄の現状は、まさに六四年前にフランク・ギブニー記者が指摘したのと同じ、「忘れられた島」の状況と重なります。

沖縄がいくら地位協定の不平等性を訴え、改善を求めても、肝心の米国人のほとんどが、沖縄に巨大な米軍基地があることも、米軍人の犯罪も、たび重なる米軍の事件・事故、演習被害がおきていることも、ほとんど知らないのです。

巨大な政治的エネルギーを必要とする地位協定の問題解決には、政治的エネルギーの結集が必要です。そのためには米国民の世論形成が不可欠です。沖縄の基地問題、その根源にある日米安保、その先に日米地位協定の問題があります。日米地位協定の問題解決のためには、遠まわりかもしれませんが、まず米国民に「日米関係の不健全性」「米軍優位の不平等条約の問題点」を認知させ、健全な日米関係の構築のためには地位協定の不平等、不条理性を理解させることが不可欠です。

六三年前には、二〇代の若い米国人ジャーナリストの報道によって米国の不条理と横暴が告発され、結果として米軍政は、公的には二七年間の沖縄の占領統治に終止符を打つことになりました。しかし問題の本質は変わりません。戦後七〇年近く日本を支配する米軍基地、そこに駐留する米兵たちの犯罪を許し、米軍演習や米軍機の爆音被害の補償金を日本政府に払わせる「不平等条約＝日米地位協定」の問題を、今度はいったい、だれがどんな形で解決するのか。それがわれわれ日本人ひとりひとりに突きつけられている問題だと思います。

（前）

琉 球 新 報　2004年(平成16年)1月13日 火曜日　特集 (8)

苦悩の源流　随所に

機密文書「地位協定の考え方」

外務省が“存在”を否定した機密文書「日米地位協定の考え方」。2004年１月、琉球新報は全文を入手し、紙面８ページを使って全面公開し、その存在を外務省に認めさせた。琉球新報には「外務省にも数冊しかない機密文書を20万部（新聞発行部数）も印刷してバラまくとは、いったいどういうつもりなのか」と外務省幹部から強い抗議があった。

PART2

外務省機密文書「日米地位協定の考え方」とは何か

前泊博盛

どうも外務省には、日米地位協定の裏マニュアルがあるらしい。

そんな話を聞いたのは、いまから二〇年前。私が沖縄の地元紙「琉球新報《りゅうきゅうしんぽう》」の東京支局で、国会担当の記者をしていたときのことでした。

そういわれてみると、たしかに思いあたることがありました。私はそのころ国会記者会館につめて、外務省や防衛省を取材していたのですが、地位協定関係の問題が起こって外務省の役人たちとやりとりをするたびに、彼らはなにかマニュアルのようなものを参照しながらこちらの質問に答えていました。現物そのものは見せないけれど、どうもなにか参考書のようなものを見て答えているらしい。それが雰囲気でわかるわけです。記者仲間もみんなそのことには気づいていたのですが、具体的になにを見ているかはわかりませんでした。

ところが沖縄にもどったあと、社の大先輩の記者と話しているうちに、「実は外務省がつくった地位協定の裏マニュアルがあるらしい」とか、「そのマニュアルの名前は『地位協定の考え方』というらしい」といった情報を教えてもらったのです。

でもその大先輩も現物は見たことがない。機密文書ですから当然です。ヒマラヤの雪男というのがいたでしょう。あれと同じ。そうなると新聞記者としてはどうしても見たくなる。現物を手に入れたら大スクープなわけですから、いつかつきとめて記事にしたいとずっと思っていました。

入手の経緯についてはあまりくわしい話はできないのですが、それから約一〇年後の二〇〇四年一月一三日、この機密文書の全文を紙面で公開しました。A4判で一〇〇ページ以上あった文書を、紙面を八ページ増やして一挙に全部ブチこんだわけです。もちろん外務省は大騒ぎになりました。読者からの反響も非常に大きく、沖縄だけでなく全国から、

「国民の人権をアメリカに売り渡す外務省の犯罪を許してはいけません」
「対米追従から対等な日米関係に転換する時期にきています」
「日米安保も地位協定も、米軍の占領政策の残滓《ざんし》（のこりカス）という意味がよくわかりました」
「外務省の隠蔽《いんぺい》体質をあらためさせる機会にしてください」

などといった声が寄せられました。

このスクープで、琉球新報「地位協定取材班」は、その年のＪＣＪ（日本ジャーナリスト会議）大賞、石橋湛山《いしばしたんざん》記念・早稲田ジャーナリズム大賞など、報道関係の大きな賞を三つも受賞しました。

実は紙面にのせる前に、私は外務省に何度も足を運んで外務省幹部に「機密文書」の中身について取材しています。「地位協定の逐条《ちくじょう》解説書がほしい」という形で質問したのですが、「そんなものはありません」と即座に否定されました。法律や条約には、運用マニュアルの役

割をはたす「逐条解説書」が当然あるはずなのに、「ない」の一点張りなのです。

「ではどうやって地位協定を実際に運用しているのか。問題が起きたときには、どのように対応してきたのか」とたずねると、外務省北米局の担当官は「すべて私の頭のなかに入っている」といいます。

「では、最初の一条から説明して下さい」と、取材ノートを広げてヒアリングを始めました。さすがにエリート官僚です。マニュアルも見ずに次々と答えていきます。しかし私は彼の話を聞きながら、胸の鼓動が高まるのを感じていました。説明の内容が、機密文書「地位協定の考え方」に書かれた内容とまったく同じだったからです。

そのとき、すでに私の手元には一〇年かけて入手した機密文書の全文がありました。取材が終わってから担当官の説明を条文ごとに機密文書の説明と照らしあわせていくと、まったく同じ言葉で説明していることがわかったのです。

その時点で、機密文書が書かれてからすでに三〇年たっていました。しかし、いま自分の手元にあるその機密文書が、現在でも日米地位協定の運用マニュアルとして現実に使用されている。そのことが、あきらかになった瞬間でした。

スクープする直前、私は外務省幹部に対して「機密文書の中身を新聞紙面で報道します」と伝えました。すると旧知の外務省幹部から「もし報道したら、外務省には出入りできなくなる。

私たちとのつきあいもなくなりますよ」と言われたのです。

機密文書には、国民の権利や人権を侵害する日米地位協定に関するさまざまな事例が網羅されていました。とるべき税金をとらず、はたさなければならない義務をはたさない米軍に四苦八苦する、外務省のさまざまな苦心や苦悩の足跡が記録されていたのです。

「この文書を開示することは、外務省の対米外交を支援することにもつながります。日米安保と在日米軍の問題を国民全体が直視して、改善に動くきっかけにもなるはずです」

私はそう説明して、外務省からの圧力を無視して、二〇〇四年一月一日、元旦の紙面で、そういう機密文書が存在するという内容の第一報を打ちました。

報道を否定した外務省

ところが第一報の段階では、外務省は「そんな文書は存在しない」とスクープを無視する構えをとりました。沖縄選出の国会議員が国会で「機密文書の開示」を外務省に要求しましたが、外務省は「そんな文書は存在しない」とかわしていたのです。

そこで琉球新報社では、機密文書の全文を紙面で公開すると同時に、インターネットでも全文公開することを決めました。いま考えても当時の社の幹部たちはよく決断してくれたと思います。さきほどふれたように、そのために紙面を八ページ増やしたのですが、すべて広告なしの文字だけのページです。（⇩292ページ）その分の紙代や印刷費はそのまま社の持ち出しになります。新聞界の常識ではありえないことでした。

また、紙面での全文公開のために二〇人を超す記者たちが機密文書の入力作業に参加しました。全員が自分の担当箇所を読みこみながら、機密文書の中身をチェックし、入力し、プリントアウトしたあと、声に出して読みあわせる。そうすることで、ひとりの記者の単発のスクープ記事で終わらせることなく、新聞社が総力をあげて世の中に問う「キャンペーン報道」へと転換をはかったのです。

ネットで全文公開したのは、ほかの新聞やメディアの参加をうながすことも狙いのひとつでした。なにも隠さないから、自由に使ってくれ。そうすると、専門家も自分でアクセスして分析できるので、それぞれの意見を発信してくれるでしょうし、これまで地位協定の恣意《しい》的な運用によって被害を受けてきた当事者たちからも証言が集まるのではないかと思ったのです。

さすがにたまりかねたのか、外務省の幹部から私に電話が入りました。

「これは外務省にも数冊しかない機密文書だ。それをこともあろうか、二〇万部（「琉球新報」の発行部数）も印刷してばらまくというのは、いったいどういうつもりなのか」

電話のむこうの声は怒りでふるえていました。

さきほどのべたように、報道前に私は何度も「この機密文書は、外務省の文書ですか」と外務省に確認していたのですが、「そんな文書はない」の一点張りでした。それなのに、全文公開したら「いったいどういうつもりか」と抗議してくるのですから、まったく困ったものです。

　全文公開につづいて、機密文書に関する長期連載（「日米地位協定—不平等の源流」）が始まると、外務省幹部からは、

「機密文書をリークしたのはいったいだれなのか、教えてくれ。公務員の守秘義務違反で首を飛ばしてやる」

　とおどすような電話が入りました。当時外務省は、機密文書流出のニュースソース（情報源）を必死に探していたようです。

　しかしそんな動きがあることは、こちらも織りこみずみです。実はこのスクープは、実際に全文入手してから報道するまでに七年かかっています。言いかえればネタ元をカムフラージュするために七年かかったということです。

　しかし、あんまりおどされると、こちらもおもしろくない。そこでその年にアメリカ総領事館で開かれたガーデン・パーティに出かけていきました。電話をかけてきた外務省幹部を見かけると、さっそく近づいていって、

「○○さん、このあいだは非常に貴重な情報をありがとうございました。ものすごい反響です」

と、わざと大声で声をかけました。まわりにいた関係者の多くが、びっくりしてこちらを見ていました。「あの機密文書の提供者は彼だったのか」と誤解したかもしれません。

　その幹部は、

「前泊《まえどまり》さん、悪い冗談はやめてください」

と苦笑していましたが、さらにかぶせるようにして私が、

「本当に感謝しています」

と言ったので、いまだに誤解したままの人もいるかもしれません。彼はあとから電話をかけてきて、

「おれが疑われるじゃないか。どうしてくれるんだ」

と怒っていました。そのあと、「犯人捜し（情報源調査）」の動きはピタリと止まったようです。

機密文書「日米地位協定の考え方」とは何か

外務省機密文書「日米地位協定の考え方」とは、現代の不平等条約である日米地位協定のための「逐条《ちくじょう》解説書」であり、「運用マニュアル」です。

しかも、その解説・運用の基本姿勢は、徹底した「米軍優先・アメリカ優位の解釈」にあるのです。

そもそもこの文書は、いったいだれが、なんのために、いつ書きあげたものなのでしょうか。

機密文書が書かれた背景をたどると、その役割が明確になってきます。一九八三年に作られた「日米地位協定の考え方（増補版）」の「はしがき」にはこう書かれています。

「地位協定の考え方」は昭和四八年四月に作成され、地位協定の法律的側面について政府としての考え方を総合的にとりまとめた執務上の基本資料として重用されてきている。本稿は同資料が作成以来一〇年を経過したこともあり、この間の状況の変化を踏まえて条約課担当事務官が補加筆を行なったものである。

昭和五八年一二月

条約課長

安全保障課長

「執務上の基本資料」とありますから、日米地位協定にかかわる問題が起きたときの外務官僚用の運用マニュアルとして、この文書が作成されていることがわかります。

「はしがき」に書かれているように、最初に作成されたのは一九七三年（昭和四八年）のことです。この一九七三年という年も大事なポイントです。この文書がなぜ作成されたかということが、この日付からうかがえるからです。地位協定にくわしい本間《ほんま》浩《ひろし》・法政大学名誉教授はこう説明しています。

「機密文書が作成される前年というのが、沖縄が日本に復帰した年、つまり一九七二年です。沖縄の本土復帰というのは、沖縄の施政権が日本に返還されるということで、それによって沖縄に日本の法律が適用されるようになりました。同時に日米安保条約も、それにもとづく日米地位協定も、沖縄に適用されることになったということです」

沖縄の施政権が返還されるということは、沖縄がかかえる広大な米軍基地もいっしょに日本の施政権下に入るということを意味していました。わかりやすい例をあげると、米軍統治下にあった時代の沖縄には適用されていなかった「非核三原則」も、本土復帰後は適用されることになります。このため、米軍は復帰前に沖縄の基地に配備していた「メースB」などの核兵器を撤去することになりました。同じように沖縄返還にあたって米軍は、基地内に保管していたたくさんの毒ガスも撤去しています。

沖縄返還にともなう「裏マニュアル」

戦後、米軍は沖縄で広大な基地を建設しました。そうした基地の建設は、戦勝国であるアメリカが日本を植民地のように支配していたときに、「銃剣とブルドーザー」によって強制的に住民を立ち退かせて、住宅や畑をつぶし、フェンスを張りめぐらせて建設したものです。

先日、テレビの特集でイラクの人たちが同じようなことを言っていたのですが、沖縄でも、最初は米軍を「解放軍」として歓迎する動きがありました。ところがすぐに彼らは、住民の土地をとりあげたり、女性に暴行したり、住民の基本的人権や財産権をないがしろにしたうえ、住民の生存権すら脅《おびや》かす「暴政のかぎり」をつくすようになりました。

そうした戦後の混乱のなか、銃剣を突きつけて沖縄の住民を家から追いだし、田畑や宅地を奪ったあと、ブルドーザーで家を踏みつぶしたあげく建設されたのが、沖縄の米軍基地なのです。

しかも、家や田畑を接収《せっしゅう》した当初は、地代や借地料も支払われませんでした。ですから沖縄の住民たちは米軍に対し、「地代の支払い」を求めて一〇万人規模のストライキやデモ行進、決起集会などを行なって、地代の支払いを実現させた経緯があるのです。

そんな米軍の占領下で建設され、なんの法的制約もなしに使われてきた米軍基地が、日本の法体系のもとに入ってくるわけですから、問題が起きないわけがありません。そのことを見越して、さまざまな問題の発生を予想した外務省が、対応策を講じるための裏マニュアルを作った。それが「日米地位協定の考え方」だったのです。

返還まで二七年間、軍事植民地同然だった沖縄の米軍基地を、日本の法体系のもとでコントロールするということが、どれほど大変なことか、外務省もよく認識していたのでしょう。

「改定」でなく「解釈変更」の限界

しかし、ここで忘れてはならない大事なポイントは、そうした問題や矛盾が発生することをよくわかっていながら、外務省は地位協定の改定という根本的な見直しをせず、「解釈の変更」で乗りきろうとしたということです。

そのことが、現在までつづく多くの禍根《かこん》を残すことになりました。PART1で書いたように、「日米地位協定」は戦後日本の「パンドラの箱」と呼ばれることがあります。それは困難でも見直すべきところは見直すという当然の選択をせず、あらゆる矛盾をすべて「解釈の変更」という名前のブラックボックスに押しこんできたことが最大の原因なのです。

「日米地位協定の考え方」には、「原本」と「増補版」があります。原本はさきほどふれたように、一九七三年四月にまとめられています。原本の表紙には「秘　無期限」と印字されており、外務省でも一部の人間だけが手にすることのできる最重要の機密文書とされています。

一方、「増補版」は「はしがき」に書かれているとおり、沖縄返還から一一年後、つまり「原本」執筆から一〇年後に書かれています。その間に起こった米軍に関する事件や事故、環境汚染、裁判などの具体的な事例をふまえ、地位協定を適用するなかで生じた矛盾や課題、問題点への対応なども踏まえて大幅に加筆し、一九八三年一二月に作成されています。「原本」と異なり、「増補版」は機密文書全ページの余白に「秘」の文字が打たれており、「機密」レベルが高くなっているような印象をうけます。

外務省条約局担当事務官の証言

全文スクープのあとも外務省は、「日米地位協定の考え方」の存在をがんとして認めませんでした。しかし「琉球新報」の取材班は、その執筆者を探し当てることに成功します。当時は匿名《とくめい》にしていましたが、もう公表してもいいでしょう。その人物とは、執筆当時、外務省条約局条約課の担当事務官だった丹波實《たんばみのる》氏（その後、ロシア大使などを歴任）です。すでに外郭団体に天下っていたその丹波氏のもとに取材記者をむかわせ、証言を得ることに成功しました。二〇〇四年一月九日のことです。

―丹波さんは地位協定にくわしいと聞いたんですが。

丹波「私は安保課長を三年やってね。一九七八年から八〇年だったかな。四つの大きな事件があって、大変だった。地位協定にくわしかったのは条約局時代だな。かなり勉強した。沖縄返還協定とか基地問題を担当しましたからね」

―「日米地位協定の考え方」という文書があるらしいですね。

丹波「そうそう、よく知ってるね。あれはね、ぼくが書いたんだよ。昔ね、共産党が入手して国会でとりあげたことがあってね。省内でも流出させるやつがいるんだなあ」

―うち（琉球新報）も入手して、最近この「考え方」について新聞で連載をしています。それ（文書）をもってるんですけど、丹波さんが書いたんですか（と言って、目の前に機密文書のコピーを差しだす）。

丹波「あー、これは写しだねえ。懐かしいなあ」

―「はしがき」に、条約課担当事務官の執筆になるものと書いてあります。

丹波「そうそう、私のことだよ。ほんとはね、名前入れたかったんだけどね、それが精一杯だったよ。昭和四八年四月と書いてある。まさにそう、一九七二年の秋からとりかかって七三年の春にできあがったんだ。約半年でつくったんだね。いま、問題になっているのは一七条でしょう」

―はい。「妥協の産物」っていう言葉が書かれていますよ。

丹波「えっ、そうだったかな」

―これは丹波さんがひとりで書いたんですか。

丹波「そう。あなたの（事前の取材依頼の）ＦＡＸでは、地位協定改定で全国的に雰囲気が盛りあがってるって書いてあったけど、ぼくからみるとそんな雰囲気は感じないけどね」

―　沖縄は県知事を先頭に改定を求める全国行脚をしています。

丹波「そうなの。（改定を求めるというのは）何条のことを言ってるの」

―改定項目は一一項目あります。

丹波「地位協定改定なんてありえないね。ぼくに言わせると」

―どうしてですか？

丹波「それはまあ、アメリカとの関係で難しいね。ぼくはよく冗談でね、もし地位協定の改定をやるんなら、ランクを二つ下がってもいいから東京にもどってそれを担当したい、と言ってたんだけどね。酒の席でさ。だからそれくらい、ぼくはこれ（「日米地位協定の考え方」）に情熱を燃やしてたんだけどね。しかし、それはあくまでも酒の席での言葉であって、現実問題として日米地位協定を改定するというのは、ちょっと考えられないね」

―韓国との地位協定や、ドイツとのボン協定などは改定していますよね。

丹波「くり返すけど、もし将来、改定交渉があったなら、もどって担当したかったというのは酒の席でよく言ってたけどね、今後、見通しうる将来、そういうことは（改定）はないでしょう。運用で、日米合同委員会の合意でカバーするということはありえるけど、地位協定本体に手をつけるというのはないでしょう。考えられないね」

―「考え方」は沖縄の本土復帰にあわせて、協定の解釈を拡大しないといけないからまとめたと聞いています。

丹波「いや、そうじゃないね。沖縄を念頭において書いたわけではない。沖縄を通じて地位協定の専門家になったから、条約局を去る前に後輩のためにと思って書いたということですよ。沖縄返還協定とか沖縄の基地問題とか担当したからね」

―丹波さんが（機密文書「日米地位協定の考え方」を）作られてからは、その後の地位協定担当者のバイブルになっているのでしょうか。

丹波「そう、バイブルだよ」

―でも、いまの外務省の人たちは見たことがないと言っています。

丹波「それはないと思うよ。その後使われていたはずだよ。私の書いたものから一〇年後に一度改訂してるはずだけどね。そのあとさらに改定したかどうかは知らないねえ」

—改訂版は丹波さんのものとだいぶちがうんですかね。

丹波「いや、そんなことないでしょう。増幅したんでしょう。国会答弁をつけ加えたりして。その後一〇年間のあいだに」

—なんで「無期限秘」なんですか
丹波「そりゃ、内部文書だからだね」

—沖縄県はこれをぜひ欲しいと、公開してくれと言っています。

丹波「ハッ、ハッ、ハッ（笑い）。そう。でも現実にはもう出まわってるわけでしょ」

—くり返しますが、書かれたのはいつでしたか。

「条約課の事務官のときに書いた。ひとりで。首席事務官が斉藤邦彦のときかな。斉藤さんはその後駐米大使、次官までやっている。その上にいたのが、栗山という課長（栗山尚一《たかかず》・条約課長＝昭和四七〜四九年）で、このときだね」

—そのときの話をぜひ。

丹波「いや、それはいいよ（やめておくよ）」

長い引用になりましたが、新聞に出すときは、かなり発言を整理して、しかも匿名にして報道しています。彼が機密文書の提供者と誤解されては困るからです。このやりとりのなかで、外務省機密文書「日米地位協定の考え方」には、一〇年後につくられた増補版があることを知りました。そこで新聞社の総力をあげて「増補版」の入手に奔走します。その結果、半年後に増補版の入手に成功しました。

取材のなかで丹波氏が、「地位協定の改定はありえない」と語っていることが非常に印象に残りました。米軍というのは日本の外務省にとってもアンタッチャブルな存在で、日米地位協定も同じくアンタッチャブルな存在ということが伝わってきたからです。

それでも救いは、ロシア大使までつとめた丹波氏が、改定の機会があれば、外務省の職階を二つ下げてでも、つまり大使から総領事クラス、局長から課長級にランクを下げてでも「東京にもどって担当したい」と語っている点です。

外務官僚にとってアメリカとの「高度な外交交渉」は、おそらくエリートの証《あかし》なのでしょう。なかでも地位協定の改定となると、スポーツマンにとってのオリンピック出場のような、エリート中のエリートだけが挑める高度な競技会、外交交渉の晴れ舞台という感じなのかもしれません。

無期限秘の中身

「日米地位協定の考え方（増補版）」（以下「考え方」）は、「無期限秘」というランクの非公開資料となっています。その理由について外務省は、「〔こうした〕文書の開示は日米の信頼関係を損ねる」（北米局）からと説明していました。

しかし、実際には「考え方」を新聞で公開したあとも、外務省がいう「日米の信頼関係」は損なわれていません。それもそのはずで、「考え方」の内容をみると、そのほとんどが「アメリカと米軍の特権を追認し強化するための解釈上の変更」なわけですから、アメリカが文句を言うはずはありません。

「考え方」のなかには、米軍優位の地位協定運用のために生じた超法規的措置や解釈の限界に苦慮する外務官僚たちの苦悩ぶりが、ありのまま記録されています。

「国会で追及されれば対応に苦慮する〔だろう〕」

「行政府の独断決定は、司法権、裁判権の侵害との批判を免れない」

「(協定の運用には)明文化が必要」

「米軍特権を認める法律がない」

など、悲痛ともいえる本音が書かれているのです。

日本側に権利のある（＝地位協定で認められている）、罪を犯した米兵を裁く「第一次裁判権」さえ放棄し、米軍の特権をひたすら追認する「考え方」の姿勢は、「増補版ではなく譲歩版だ」と、揶揄《やゆ》される内容となっています。

外務省が「無期限秘」とする理由も、「米軍に譲歩を重ねる対米追従外交の実態をおおい隠し、国民からの批判をかわすためではないか」という見方さえあるのです。

「外国軍」が日本に長期駐留する理由

では、ここで外務省機密文書「日米地位協定の考え方」の中身を簡単に検証しておきましょう。

われわれ日本人はあまりよくわかっていないのですが、日本は国際的に見て、非常に異様な状態にあります。一九五二年のサンフランシスコ講和条約の発効によって、「被占領国」を脱して「主権国家」としての再スタートを切ったはずなのに、敗戦によって駐留するようになったアメリカの占領軍が、七〇年近くたったいまも駐留しつづけているからです。

主権国家のなかに他国の軍隊が多数駐留するとは、いったいどういうことを意味しているのでしょうか。そこに疑問をいだくこともなく、戦後七〇年近くがすぎてしまっている。まずその点が最大の問題です。

外務省はこれをどう説明しているのでしょう。

「日米地位協定の考え方」はこう説明しています。

「すなわち、第二次大戦以前には、特定の例外的場合をのぞき、平時において一国の軍隊が他国に長期間駐留するということが一般的にはなかったということである。（略）ところが、第二次大戦後には友好国の軍隊が平時において外国に駐留することが一般的になり、かかる〔＝このような〕軍隊の外国における地位を規律する必要が生じた」（『日米地位協定の考え方（増補版）』以下同）

一国の軍隊が他国に長期間駐留することは、第二次大戦以前は「特定の例外的場合をのぞき」一般的ではなかったが、戦後は一般的になったと説明しています。戦前の「特定の例外的場合」について「考え方」は、「戦時占領的な駐留」をあげています。つまり敗戦国が戦勝国によって占領され、駐留されるケースです。

米軍の日本駐留もこのケースです。しかしそれは講和条約の発効によって終了したはずです。それなのになぜか、占領軍がそのままの形で日本に駐留しつづけているのです。

世界史を検証すると、外国軍の駐留は「戦時占領的な駐留」のほかに、「植民地への宗主国軍隊の駐留」があります。つまり外国軍の駐留は、占領駐留か植民地駐留の二種類ということになります。歴史的な視点からいうと、米軍が駐留する日本は、アメリカの被占領地か、植民地ということになります。そうでないとしたならば、いったいどのような位置づけがありえるのでしょうか。

地位協定の必要性

　ではここで、地位協定の必要性について外務省の解釈を見てみましょう。「考え方」には次のように書かれています（さきほどの「外国軍の駐留」についての説明と、一部重複します）。

「地位協定（外国に駐留する軍隊のその国における法的な地位について、軍隊の派遣国と接受国とのあいだで結ばれる協定）は、主として第二次大戦後に関係国間に締結されたものであり、その典型的なものとしては、ＮＡＴＯ加盟国間におけるＮＡＴＯ地位協定（一九五一年六月一九日署名）がある。日米地位協定も基本的にはＮＡＴＯ地位協定を踏襲したものである。

　地位協定が第二次大戦後の一般的現象となった理由としては、次のことが考えられる。すなわち、第二次大戦以前には特定の例外的場合をのぞき、平時において一国の軍隊が他国に長期間駐留するということが一般的にはなかったということである。

　いわゆる戦時占領的な駐留は、歴史的に多々存在したが、この場合には、一方が勝者であり、他方（被占領国）が敗者であるという関係から、被占領国における占領軍の地位は、そもそも問題になり難い面があったろうし、また、戦時占領に関連する特定の問題については多数国間の一般条約で一定の準則が設けられた（一九〇七年の「陸戦の法規慣例に関する条約」）。

ところが、第二次大戦後には友好国の軍隊が平時において外国に駐留することが一般的になり、かかる〔＝このような〕軍隊の外国における地位を規律する必要が生じたことである。（略）一般に第二次大戦後の右にのべたごとき外国軍隊の地位を明確に規律するために、地位協定が必要とされたものである」（同前）

「平時において」という部分に白丸形の傍点がふられ、強調されていることから、「有事（戦時とも言いかえられます）」ではない「平時」に他国の軍隊が駐留することについて、外務省もその特異性を認識していたことがわかります。

「在日米軍」の規定がない！

しかし、依然として「外国軍の駐留理由」については明確な説明がないまま、「考え方」の記述は「日米地位協定の一般的問題」に移ります。

その冒頭から「？」の連続です。次の文章を読んでみてください。

「1　安保条約第六条第二文および地位協定の表題にある「日本国にある合衆国軍隊」との関連で、「在日米軍」とはなにかということが問題とされる。「在日米軍」については安保条約および地位協定上なんら定義がなく（略）」

すごいことがさりげなく書かれています。「在日米軍」については、「安保条約」にも「地位協定」にも「なんら定義がない」というのです。そしてもしこの「在日米軍」が、安保条約や地位協定に書かれている「日本国にある〔おける〕合衆国軍隊」と同じ意味でつかわれるとすれば、そこには次の軍隊がふくまれるというのです。

(イ)　日本国に配置された軍隊
(ロ)　寄港、一時的飛来などによりわが国の基地を一時的に使用している軍隊
(ハ)　領空・領海を通過するなど、わが国の領域内にある軍隊

(イ)については本来の駐留軍ということで理解できますが、(ロ)と(ハ)はあきらかにおかしい。これでは在韓米軍やイラク、アフガニスタンに向かう途中の米軍まで「在日米軍」にふくまれてしまうことになります。そうした日本に関係のない軍隊にまで、安保条約や日米地位協定を適用しようとする理由はなんなのでしょうか。この外務省の裏マニュアルは、最初の定義づけのところですでに、非常におかしなことを言っているのです。

米軍にあたえられた特権

ＰＡＲＴ１でくわしくのべたように、在日米軍には日米地位協定によって、事実上の「治外法権」をはじめとするさまざまな特権があたえられています。主なものだけまとめておくと、次のようになります。

①　財産権（日本国は、合衆国軍隊の財産についての捜索、差し押さえなどを行なう権利をもたない）
②　国内法の適用除外（航空法の適用除外や自動車税の減免など）
③　出入国自由の特権（出入国管理法の適用除外）
④　米軍基地の出入りを制限する基地の排他的管理権（日本側の出入りを制限。事件・事故時にも、自治体による基地内の調査を拒否）
⑤　裁判における優先権（犯罪米兵の身柄引渡し拒否など）
⑥　基地返還時の原状回復義務免除（有害物質の垂れ流し責任の回避、汚染物質の除去義務の免除など）

こうした米軍にあたえられた特権は、日本国民全体に多くの被害をもたらしています。米軍機の低空飛行訓練による爆音被害、犯罪米兵の国外逃亡、返還された軍用地の汚染物質除去費の日本側負担、基地内からの有害物質の流出などです。また、実弾演習による民間地への被害など、米軍の事故・事件による「基地被害」は沖縄県だけでも復帰後、六〇〇〇件を数えています。しかも、そうした米軍関連の事故・事件には歯止めがかからないばかりか、沖縄では最近、増加傾向をみせているのです。

このため、これまで沖縄県や沖縄弁護士会、連合（労働組合）、そして野党時代の民主党などが何度も地位協定の改定案をつくり、「米軍優位」といわれる「不平等協定の改定」を求めてきました。

地位協定上に明記された規定でも、日米両政府いずれかの申し出があれば、改定に向けての協議が始まることになっていますが、所管する外務省はすでに見たように改定には消極的で、歴代外相も「運用の改善で対処する」という姿勢に終始しています。

「裁判権」を放棄した外務省

日米地位協定に関連して外務省は、数々の「犯罪的行為」を行なってきました。その代表的な事件が、三五年前に沖縄の伊江島《いえじま》で起きています。外務省では「伊江島事件」、沖縄では被害者の名前をとって「Y君（匿名）事件」と呼ばれた事件で、日本国民の人権が根本から侵害されたのです。

この事件の内容は「考え方」にくわしく記録されています。

事件は沖縄が本土に復帰した二年後、一九七四年の七月一〇日午後六時に伊江島の米軍射爆場で起きました。米軍の演習終了を告げる赤旗が下ろされるのを確認したあと、村民四〇人といっしょに草刈りに入ったYさん（当時二〇歳）が、突然現れた二人組の米兵にジープ型の車で追いまわされ、信号銃で狙撃されたのです。顔を狙い撃ちされたYさんが、手で顔をおおって防《ふせ》いだところ、銃弾は左手首に命中し、骨折する大けがを負いました。

二〇〇四年の夏、「考え方」のなかにこの事件の記述があることを知った私は、Yさんに直接取材をしました。Yさんは、

「米兵たちは狩りでもするように、執ように追いかけてきた。わけもわからず、怖くて逃げまわって、崖っぷちまで追いつめられ、転んだところを信号弾で撃たれた。頭に当たっていたら死んでいた。あきらかに殺人未遂だった」

と、当時の様子を証言してくれました。

しかし事件は翌年五月六日、日本政府が発砲した米兵らに対する裁判権（第一次）を放棄し、Yさんは賠償金で「無理矢理、手を打たされた」といいます。

「裁判権」を放棄した理由を外務省は、「被疑者の処罰と被害者の補償を早急に行なうため」

とか、「問題の長期化（遷延《せんえん》）は日米間の友好のうえからも好ましくない」などと説明していました。

こうした裁判権放棄に対して当時の外務省アメリカ局長が、「事件はそれほど悪質とは思われない」と発言したことから、日本弁護士連合会、沖縄弁護士会、県民、島民をふくめ、激しい抗議行動が展開されました。

外務省はアメリカ局長の発言を謝罪しましたが、裁判権はそのまま米軍によって行使され、米兵らは降格と一〇〇～一五〇ドルの罰金刑となりました。

Yさんは、「本来なら殺人未遂の罪が罰金刑になってしまった。無罪同然の判決に腹が立った。本土に復帰しても、沖縄は米軍の占領地のままではないかと悔しかった」と当時を回想しています。

ところがこの事件について三〇年後、新しい事実が判明します。「考え方」のなかで、外務省は「伊江島事件」の日本側の裁判権（第一次）放棄が「司法権侵害」の疑いが強いことをみずから認め、国会での追及を恐れていたことがあきらかになったのです。

「考え方」には「行政府だけで裁判権の不行使を決定し、それによって検察当局（および裁判所）を法的に拘束できるか［どうか］という問題がある」と明確に書かれています。司法当局に相談もなく、外務省が勝手に裁判権放棄を決めたことは三権分立に反する行為です。外務省は、行政府（外務省）による司法権の侵害をみずから認めていたのです。

しかし、外務省は「考え方」のなかで、次のようにつづけます。

「この問題については、まだ国会でとりあげられたことはないので、政府の考えをあきらかにすることを余儀なくされるにいたっていない」

つまり「国会でとりあげられていないから、行政府による司法権侵害という三権分立違反の問題が露呈しなくてすんでいる」とホッとしているわけです。

Y君事件は、外務省の米軍追従の外交姿勢だけでなく、隠蔽《いんぺい》体質も露呈しました。さらに「とにかくバレなければ、隠しつづけられるだけ隠しつづける。そして侵害された国民の権利を回復する努力はしない」という外務省の姿勢もあきらかになりました。

思いやり予算

本土にある米軍基地は、国有地が提供されているケースがほとんどですが、沖縄のように基地の六割が県や市町村、または民間人の所有地に建っているケースもあります。そうした土地の借地料は、日本政府が負担しています。そのうえで、日本政府は外国軍隊が使用する土地の賃貸借契約の手続きを代行し、嫌がる地主に金を積み、それでも拒否する地主には憲法が保障する財産権すら侵害する「軍用地特措法」という特別な法律をつくってまでも土地をとりあげ、他国軍隊に提供しつづけています。それも日米地位協定が根拠になっています。

米軍基地の地代はもちろんですが、駐留米軍の兵舎や米軍機の格納庫、滑走路のかさ上げ費用、兵士の食堂、トレーニングジム、体育館、軍人・軍属の家族向けの小中高校、政教分離にひっかかりそうな教会までもが、日本国民の税金を投じて建設し、提供されています。狭い木造住宅を「ウサギ小屋」「鶏小屋」と笑うその国の軍隊に、国民の倍の広さの住宅を建設・提供し、自衛隊員は半分の狭い隊舎で我慢させられています。まったくおかしな状況です。

そのうえ米軍が基地内で使う電気料金、ガス料金、水道料金なども日本国民の税金で支払ってあげています。水道料金は沖縄の基地分だけで年間二五億～三〇億円。別に下水道維持管理費が三億～四億円補塡されています。

自分が払う必要のない軍人たちは、「暑い部屋にもどりたくない」と、クーラーをつけたまま外出するといいます。なかには換気のため、旅行中もつけっぱなしというケースもあるようです。軍隊が使用する電気代は、沖縄だけでも毎年一〇〇億円を超えています。

自動車についても、特別な「Yナンバー」（米軍関係者の車であることを示す「Y」がナンバープレートについています。この制度が横浜で始まったことによるものです）をあたえたうえで、自動車税も国民の五分の一に減免しています。一般国民は排気量二〇〇〇ccで、年間三万五〇〇〇円程度の自動車税を払っていますが、駐留軍兵士やその家族はなぜか一律七五〇〇円に減額されています。Yナンバーは、沖縄だけでも二万五〇〇〇台を超え、米軍関係車両の税免除分は年間一〇億五〇〇〇万円を超えているとされています。米軍用車両は、高速道路料金も日本側負担です。これも沖縄分だけでも年間二億四〇〇〇万円の負担となっています。

つい最近まで、米軍の車両にはナンバー・プレートすらありませんでした。一九九五年に起きたあの少女暴行事件のあと、沖縄県民の怒りを沈めるための日米両政府の「SACO《サコ》」合意（在日米軍基地が集中する沖縄県の負担軽減のために、日米両政府が一九九六年に合意した、普天間基地返還や訓練移転、地位協定の運用改善などについてのとり決め）によって、一九九七年からナンバー・プレートの設置を米軍車両に義務づけるようになったのです。それでも沖縄ではナンバー・プレートなしで国道や県道などの公道を走る米軍車両がたびたび目撃されています。ナンバー・プレートなしの米軍車両が、国道や県道など公道で接触・衝突事故、人身事故を起こしても、軍用車両の場合は、カーキー色などの同じ色に同じ型の車両が多いため、特定するのがむずかしい。ですから米軍車両へのナンバー・プレートの設置はどうしても必要なのですが、まだ不十分というのが実態です。

米軍の車両に交通事故を起こされた場合、保険がかかっていないため、十分な補償がなされず、泣き寝入りを余儀なくされるケースもよくあります。これも一九九七年にようやく軍が保険の加入義務化を表明しましたが、実施状況はいまだにはっきりしません。「改善」が決まっても、日本政府がそれを確認しないため、実際に実施されているかどうか、よくわからないのです。

米軍基地を警備する銃をもった民間人（写真：琉球新報）

税収難を理由に消費税増税に乗りだした野田政権ですが、在日米軍には「思いやり予算」と呼ばれる特別経費などもふくめ、毎年約二五〇〇億円が国費から支出しつづけられています。そのうち一八〇〇億円が、「思いやり予算」といわれる、地位協定上もまったく支払う義務のない費用なのです。

銃刀法違反も合法に

みなさんは米軍基地の近くに行ったことはあるでしょうか。上の写真を見てください。フェンスと鉄条網にかこまれた米軍基地のゲートに行くと、気づくことがあります。

そうです。銃をもった日本人が米軍基地のゲートを守っているのです。彼らは一般の民間人です。戦争のために日々訓練をしている米兵ら戦闘のプロ集団を、銃を撃ったこともない民間人が守って警備をしているのです。おかしいですよね。

こうした民間人が銃をもって米軍基地のゲートを守っていることが、国会でとりあげられ、問題になったことがあります。当然です。日本の銃刀法では民間人の銃の携帯は禁じられています。それなのに、米軍基地警護では認められているのはなぜなのか。さっぱりわけがわかりません。この民間人が発砲してだれかが怪我をしたら、どんな罪になるのでしょうか。

国会での追及に対する政府や外務省の答は「地位協定第三条1項にもとづく米軍基地の警護に必要な措置で、銃刀法第三条1項1号の法令にもとづき、職務のために所持する場合に該当する」というものでした。

でも、「日米地位協定の考え方」をみると、「地位協定はあくまでも条約で（略）米軍基地の日本人警備員の銃砲保持を認める明文の国内法令はない」と、本音をもらしています。国内法の取り決めがないので、「法令にもとづき職務のために所持する場合にあたるとはいえないとの質問を〔まねきかねない〕」と心配しています。事実、結果はその通りになり、二〇〇三年二月の国会（衆院予算委員会）で「民間人が軍人を、銃によって守る。どう考えてもおかしい」（東門美津子衆院議員＝当時）という質問が出ていました。

外務省は「形式的には銃刀法に抵触しうるが、刑法第三五条の『正当の業務によりなしたる行為』として違法性が阻却《そきゃく》（退けること）される」との考え方で、国会答弁をのりきろうとします。ところが内閣法制局は、そんな答弁では無理があるとして却下します。結局、政府は答弁には無理があると認識しながらも、「『法令にもとづき職務のために所持する場合』に該当すると答えるほかない」として、国内法違反でも地位協定で定めた米軍の特権を守るために、法律の解釈までもねじ曲げている実態がわかりました。

日本国民を守らない外務省の「犯罪」

地位協定の適用をめぐるやりとりのなかで、「日本国籍」をもつ「脱走米兵」の身柄を、本来は日米地位協定が適用されない身分にもかかわらず、地位協定を適用してアメリカに引き渡すという事件も起きています。

この事件は日本政府と外務省が「国民も守れないのか」と大きな批判を受けた事件として、「考え方」のなかにしっかりと記録されています。

事件は一九六六年三月に起きました。アメリカに出稼ぎに行っていた日本人青年の二見寛《ふたみかん》さんが、当時、アメリカの長期滞在者にも適用される「普通軍事訓練および兵役法」によって米軍に徴兵されてしまいます。そしてベトナム戦争に派遣されることになったのです。

徴兵された二見さんはベトナム戦争に派遣され、死ぬかもしれないという不安と恐怖、そして日々くり返される激しい戦闘訓練に耐えられず、軍を脱走してカナダに亡命します。ところが、カナダ政府は日本人の亡命を認めていなかったため、本人の希望にそって同年四月に日本に強制送還しました。

強制送還された二見さんは千葉県の親戚の家に身を寄せます。しかしその二見さんについて米軍は、

「脱走した米兵の身柄を引き渡してほしい」

と外務省に対して、日米地位協定をもとに身柄の引き渡しを求めます。その結果外務省は、日米地位協定にもとづいて二見さんの身柄をアメリカに送り返してしまったのです。

ここからは一連の出来事を、「二見寛事件」と呼ぶことにします。

二見寛事件は国会でも大きな問題になりました。事件には地位協定上の問題にかぎらず、日本の政治、行政、司法がかかえるたくさんの問題がふくまれていたからです。

まず、第一が「アメリカに日本人を徴兵させたこと」です。現在は、日本人が外国に長期間滞在したとしても、滞在国で徴兵され兵役に服すようなことも、戦場に送りこまれることもありません。しかし、当時はそれが許されていたのです。原因は外務省の失態でした。タイやインドネシアなど、諸外国とは結んでいる「軍事服役免除」条約を、政府がアメリカとの間で締結していなかったために徴兵されてしまったということが、国会論議であきらかになりました。

いったい何人の日本人が徴兵されてベトナム戦争に送りこまれたのか。当時の国会で事実関

係を問われた外務省は、「把握していない」とあっさり答えています。国民の命にかかわる重大な条約を結びそこねたうえに、徴兵された国民の数もわからないというのですから、まったく話になりません。このように相手がアメリカの場合、日本ではどう考えてもおかしなことが平気で起こってしまうのです。

第二の問題は、「本来適用されない在米米兵への日米地位協定の適用」です。日米地位協定は第一七条5項（⇩362ページ）で脱走米兵の身柄引き渡しを決めています。外務省は「脱走日本人米兵についても第一七条5項(a)の逮捕協力義務がある」と説明していますが、一方で外務省は「地位協定の考え方」のなかで、「わが国以外の地で、脱走後、わが国に入国した場合は、地位協定該当者ではないので、逮捕協力義務はない」と明確に答えています。

二見さんはアメリカで脱走しています。しかも身分は「アメリカ本国の軍隊に所属」していて、「在日」米軍所属が対象となる逮捕協力義務は発生しないはずです。それなのに、外務省は実際には日米地位協定を適用して二見さんを米軍に引き渡していたのです。

この問題を国会で指摘された外務省の答は、こうでした。

「これまで米側が日本国人につき、同項にもとづく逮捕協力を要請してきたことはない」

では、二見寛事件は？

「結果的には自発的に渡米し、原隊に復帰した」

こんな説明をだれが信じるというのでしょう。

第三の問題に入りましょう。「国際法無視」の問題です。たとえ地位協定で決めていたとしても、国際法上は「自国民不引き渡し」原則があり、自国民の生命を各国政府は最優先に考え、主張できる権限を認めています。ところがこの「自国民不引き渡し」原則に反して、外務省は自国民を引き渡してしまっています。「地位協定で決めてあっても、国際法にもとづいて自国民を保護します」と強く主張すれば、二見さんはアメリカに引きもどされることもなかったはずです。軍事服役免除条約を結び損なったとしても、自国民の命は国際法で守れたはずです。国際社会から「日本は自国民をアメリカの兵役にすら差し出すお人好し国家」とみられているかもしれません。

第四の問題は、「憲法違反」です。日本国憲法は第九条で「戦争の放棄、軍備および交戦権の否定」という平和条項をもっています。それにもかかわらず、政府・外務省は日本国民である青年を結果として米軍隊への入隊を強制して、「ベトナム侵略戦争への参加を意識的に強要した」と国会で追及されました。

「考え方」のなかで、外務省は「日本国民である米軍人がわが国以外の地で脱走したあとに、わが国に入国したような場合は、そうした米軍人は地位協定該当者ではないので、わが国の政府に協定第一七条五項（a）にもとづく逮捕協力義務がない」と明記しています。

ところが実際には、外務省が二見さんの逮捕に協力したにもかかわらず、二見さんは「結果的には自発的に渡米して原隊復帰した」（前出）と説明しています。国会審議をみると、外務省は二見さんに対して原隊復帰しないと今後はアメリカの永住権もとれなくなるなどと言って、説得していたことがわかっています。亡命までした人が自発的に渡米して原隊復帰するというのは、そもそも考えにくい話です。

米軍の違法を合法にするための法改正

最後に米軍の国内法違反を法改正によって「合法化」したという話をご紹介しましょう。

一九七二年八月五日、横浜市での話です。横浜市の近くには米軍相模原補給廠《しょう》（相模原市）があって、ベトナム戦争のときに破壊されたり故障したりした米軍戦車や兵器を、補給廠に運んで修理して、またベトナムに送り返すという作業が行なわれていました。

その日も修理を終えた米軍M48戦車が、大型トレーラーにのせられて横浜港桟橋《さんばし》に待つベトナム向けの輸送船に陸送されていました。ところが大型トレーラーが横浜港のノースドックにつながる村雨橋の手前に差しかかったところで、市民団体によってゆく手をはばまれてしまいます。「大型トレーラーは重量オーバーで、市道が損壊される」というのが公の理由でした。
根拠となっていたのは「車両制限令」という法律でした。車両制限令というのは、道路が壊れたりしないように「道路構造上の限界を超える重量、路幅を超える車両の通行を制限」する法律です。市道の構造を超える過重量の戦車をのせた大型トレーラーの通行は法令違反になるとして、当時の横浜市長（飛鳥田《あすかた》一雄《いちを》＝後の社会党委員長）が市道の使用を許可しないとしていました。

戦車をのせた大型トレーラーは、二日間も足止めされ、結局、相模原補給廠に引き返しました。「国内法が米軍にも適用されることを確認した」として、いまも語りつがれている事件です。

しかし問題はそのあとでした。国内法による米軍の行動規制に、焦った日本政府、外務省は、戦車を足止めした「法的根拠」の解消に動きます。二カ月後の一〇月一七日、政府は車両制限令の一部改正を閣議で決定します。その中身は、「制限令の適用除外」を定めるというものでした。

閣議で決定された適用除外の内容を、ご紹介しておきましょう。

「〔車両〕制限令の適用除外を、現行の緊急車両のほか、たとえば自衛隊の教育訓練、警察部隊活動の訓練また消防訓練に使用される車両など、公共の利害に重大な関係がある車両および**米軍車両におよぼす**」（官房長官談話　一九七二年一〇月一七日）

自衛隊や消防車の訓練時に使えないと困るからというのが表向きの理由ですが、まるでつけたしのように最後に書かれている「米軍車両」という言葉を入れるのが最大の目的だったことが、次の文面からわかります。

「(官房長官談話) 二、政府は八月上旬、米軍車両の通行・輸送の問題が生じてから現行法令の範囲内で円満に事態の解決がはかられるよう、努力を傾けてきたのであるが、許可権をもつ道路管理者が道路の管理・保全上の理由以外の理由をもって通行ないし輸送の許可を保留するなど、法の適正な運用が阻害される状態が生じるにいたった」

そしてこう説明をつづけます。

「(官房長官談話) 三、政府は種々検討の結果、わが国は条約上、米軍に対し、国内における移動の権利を認めており、他方、車両制限令の他の特例との比較においても米軍車両を適用除外とすることは当然であるとの観点から今回の改正を行なうにいたった」

つまり、米軍の国内における移動を邪魔するような法律は、改正して米軍の特権を保障したということです。しかも問題が起きてから法改正まで、わずか二カ月という迅速な対応をしています。驚きです。

この結果、「たとえ市町村の道路が過重量の車両の通行で壊れることがわかっていても、米軍車両なら黙って通しなさい」という、米軍の特権が法的にも合法化されることになりました。PART 1のQ&A⑤で見た、米軍機の墜落現場の規制線の問題と同じです。問題が起こって話し合いをしても、すればするほど米軍の特権が合法化されてしまうのです。

欠陥が多すぎる協定

沖縄県は、なぜ地位協定の改定に熱心なのでしょうか。それは、日本にある米軍専用施設の七四％が、日本の国土面積の〇・六％に過ぎない沖縄県に集中して配置されているという過重負担の現状が背景にあります。

米軍基地の七四％が集中しているということは、米軍の基地・米兵犯罪被害の大半が沖縄県に集中しているという現実にぶつかります。

そして、その被害を未然に防止したり、犯罪を抑止するためにも日米地位協定の「実効性」が必要というわけです。

ここで大切なポイントです。沖縄県民はすべて米軍基地に反対しているというわけではありません。現在の知事である仲井《なかい》真《ま》弘多《ひろかず》さんは、日米安保を重視する自民党の支持を受けて当選しています。米軍基地の必要性は認めているのです。それでも、日米地位協定については改定を強く求めています。

沖縄県の「改定要望書」にある次のような記述からも、そのことがうかがえます。

「（沖縄にある）広大な米軍基地の存在は、計画的な都市づくりなど振興を促進するうえで大きな制約となっているほか、さまざまな事件・事故の発生や環境問題など県民生活に多大な影響をおよぼしております。（略）米軍基地から派生する諸問題の解決をはかるためには、米軍基地と隣りあわせの生活を余儀なくされている周辺地域の住民や地元地方公共団体の理解と協力を得ることが不可欠であると考えます」

広大な米軍基地があることで沖縄は都市計画もままならず、事件・事故、環境問題でも被害を受けている。それなら「全米軍基地の撤去」といってもいいはずですが、仲井真知事は米軍基地の撤去についてはふれていません。「諸問題の解決」を提案し、そのためには基地周辺住民や市町村の「理解と協力を得ることが不可欠」と、まるで基地存続のためのアドバイスをしているようにも読めます。

そして、理解と協力のためには次のようなことが必要だとのべています。

「そのためには、個々の施設および区域〔米軍基地〕に関する協定の内容について、地方公共団体から要請があった場合、地元の意向を反映できるような仕組みを明記することが必要であり、施設および区域の返還についても同様であります。さらに個々の施設および区域の使用範囲、使用目的、使用条件等、運用の詳細を明記する必要があると考えます」

米軍基地には、地元の意向も反映できるような仕組みが必要だ。どんな使い方がされているのか外からはまったく見えないような、現状のような米軍基地の運用は改めた方がよい。そういって、要望するふりをして基地存続のためのアドバイスをしているのです。

敗戦によって駐留を開始したはずの米軍が、サンフランシスコ講和条約によって「主権国家」となった日本の国内に、すでに七〇年近くも駐留しつづけています。あきらかに異常な「平時における外国軍の長期駐留」に対し、「米軍の〔法的〕地位を明確に律するため地位協定が必要となった」と、「日米地位協定の考え方」（増補版）は地位協定が結ばれた経緯を説明しています。

しかし肝心の「米軍の撤退時期」についてはなにも書かれていません。

そのうえ、すでにふれたように「在日米軍」については、実は「安保条約や日米地位協定上なにも定義がない」ことを、外務省の作成した「日米地位協定の考え方」自身が認めているのです。そのため本来、厳重な規制の対象であるべき在日米軍は、解釈次第でどのような権利ももてる、まさに超法規的存在となっているのです。

資料編

「日米地位協定」全文と解説

前泊博盛

［条文内の言葉を一部、凡例（14ページ）のとおり置きかえています］

日米地位協定

［正式名称］　日米安保条約（＝日本国とアメリカ合衆国との間の相互協力および安全保障条約）第六条にもとづく基地ならびに日本国における合衆国軍隊の地位に関する協定
［場　　所］　ワシントンＤＣ（署名）
［年 月 日］　一九六〇年年一月一九日（署名）　同年六月二三日（発効）

日本国およびアメリカ合衆国は、一九六〇年一月一九日にワシントンで署名された日本国とアメリカ合衆国との間の日米安保条約第六条の規定にしたがい、次にかかげる条項によりこの協定を締結した。

ＰＡＲＴ２でご紹介した「日米地位協定の考え方（増補版）」（一九八三年一二月作成：以下、「考え方」）にしたがって、外務省が日米地位協定のそれぞれの条文についてなにが問題としているかを見ていきます。

「考え方」はまず総論（「一般的問題」）として、日本が米軍（合衆国軍隊）に提供した基地の使用が「歯止めなく広がる」懸念を指摘しています。たとえばオスプレイ配備に関して注目された米軍機の低空飛行訓練についても、「本来は米軍の飛行訓練のための空域の設定について、地位協定上なんらかの明文上のレジーム（枠組み）が定められているのが望ましい」としています。

しかし「考え方」の執筆から三〇年たった現在もまだ、「米軍が基地を運用するうえで合理的でない」といった理由から、米軍に優位な解釈運用に歯止めをかけられずにいます。外務省は問題があることを認識しているのですが、その明文化、つまり「地位協定の改定」ついては、過去五〇年間一度も行なわれていません。

第一条〔用語の定義〕

この協定において、

(a)「合衆国軍隊の構成員」とは、日本国の領域にある間におけるアメリカ合衆国の陸軍、海軍または空軍に属する人員で現に服役中のものをいう。

(b)「軍属」とは、合衆国の国籍を有する文民で日本国にある合衆国軍隊に雇用され、これに勤務し、またはこれに随伴するもの（通常日本国に居住する者および第一四条1にかかげる者を除く。）をいう。この協定のみの適用上、合衆国および日本国の二重国籍者で合衆国が日本国に入れたものは、合衆国国民とみなす。

(c)「家族」とは、次のものをいう。

(1) 配偶者および二一才未満の子

(2) 父、母および二一才以上の子で、その生計費の半額以上を合衆国軍隊の構成員または軍属に依存するもの

第一条は、日米地位協定が適用される米軍の構成員と軍属、それらの家族について定義しています。「軍属」という聞きなれない言葉が出てきますが、これは在日米軍基地で働く民間人を意味します。

第二条〔基地の提供と返還〕

1（a）**合衆国は、日米安保条約第六条の規定にもとづき、日本国内の基地の使用を許される。**個々の基地に関する協定は、第二五条に定める合同委員会を通じて両政府が締結しなければならない。「基地」には、当該基地の運営に必要な現存の設備、備品および定着物を含む。

（b）合衆国が日本国とアメリカ合衆国との間の安全保障条約第三条にもとづく行政協定の終了の時に使用している基地は、両政府が（a）の規定にしたがって合意した基地とみなす。

2 **日本国政府および合衆国政府は、**いずれか一方の要請があるときは、前記のとり決めを再検討しなければならず、また、**前記の基地を日本国に返還すべきこと**または新たに基地を提供することを**合意することができる。**

3 合衆国軍隊が使用する基地は、この協定の目的のため必要でなくなったときは、いつでも、日本国に返還しなければならない。**合衆国は、基地の必要性を前記の返還を目的としてたえず検討することに同意する。**

4（a）**合衆国軍隊が基地を一時的に使用していないときは、日本国政府は、臨時にそのような基地をみずから使用し、または日本国民に使用させることができる。**ただし、この使用が、合衆国軍隊による当該基地の正規の使用の目的にとって有害でないことが合同委員会を通じて両政府間に合意された場合に限る。

（b）**合衆国軍隊が一定の期間を限って使用すべき基地に関しては、合同委員会は、当該基地に関する協定中に、適用があるこの協定の規定の範囲を明記しなければならない。**

……

「考え方」は第二条の1項（a）について、この条文は、①米軍は日本国内のどこでも基地を提供するよう求める権利があること、②日本側はそうした要求にすべて応じる義務はないが、「合理的な理由」がなければ拒否できない、としています。さらに安保条約は、そうした基地がいるかいらないかといった判断については、「日米間に基本的な意見の一致があることを前提になりたっている」として、事実上、日本側が拒否することはありえないと明言しています。

3項は「米軍が使用しなくなった基地」を日本側に返還することと、そのためにアメリカ側は絶えず基地の必要性を検討するようとり決めています。「考え方」では「米軍がまったく使用しなくなった」基地が返還されず、放置されているケースを紹介しながら、「これは、あくまでも特殊な理由」と弁護しています。沖縄でいうと、利用回数が減り、大昔に返還合意されながら、いまだに放置されている那覇軍港などがそれにあたります。

4項の（a）と（b）は、基地の利用問題でよく登場する条文です。「2-4-a《にいよんえー》」「2-4-b《にいよんびー》」と発音します。前者は「米側基地の日本側利用」、後者は「日本側基地の米側利用」についてのべています。片方が基地を使用していない場合、もう片方が利用する、互いに利用を融通しあうという内容です。「考え方」では、米軍の日本側基地の「有事再利用」問題にもふれています。米側は返還した基地でも有事には「2-4-b」にもとづいて使用し、必要に応じて通常基地に切り替えることを想定しています。

第三条〔基地内の合衆国の管理権〕

1 **合衆国は、基地内において、それらの設定、運営、警護および管理のため必要なすべての措置をとることができる。**日本国政府は、基地の支持、警護および管理のための合衆国軍隊の基地への出入の便を図るため、合衆国軍隊の要請があったときは、合同委員会を通ずる両政府間の協議の上で、それらの基地に隣接しまたはそれらの近傍の土地、領水および空間において、関係法令の範囲内で必要な措置をとるものとする。合衆国も、また、合同委員会を通ずる両政府間の協議の上で前記の目的のため必要な措置をとることができる。

2 合衆国は、1に定める措置を、日本国の領域への、領域からのまたは領域内の航海、航空、通信または陸上交通を不必要に妨げるような方法によってはとらないことに同意する。合衆国が使用する電波放射の措置が用いる周波数、電力およびこれらに類する事項に関するすべての問題は、両政府の当局間のとり決めにより解決しなければならない。日本国政府は、合衆国軍隊が必要とする電気通信用電子装置に対する妨害を防止しまたは除去するためのすべての合理的な措置を関係法令の範囲内でとるものとする。

3 合衆国軍隊が使用している基地における作業は、公共の安全に妥当な考慮を払って行なわなければならない。

第三条1項の太字部分が、「米軍の排他的管理権」を認めた箇所です。これが、米軍基地が日本国内にありながら、日本の国内法が適用されない、事実上アメリカの領土であるという最大の原因となっています。

米軍基地は「日本国内」にあり、本来は日本の国内法が適用されるはずなのですが、「考え方」は「国内法の適用は、米軍の管理権を侵害しない形で行なうこととされている」として、事実上、米軍基地への国内法適用を免除するという「免法特権」をあたえてしまっているのです。

その具体的なケースのひとつが、323ページでふれた米軍基地を警備する日本人警備員の銃の携帯問題です。国内法では警察官や自衛隊員などをのぞき、銃の携帯は銃刀法違反にあたりますが、そうしたことさえ容認してしまっているのです。
「考え方」のなかには、そうした強大なアメリカの管理権に抵抗し、基地内に立ち入ることができる具体的なケースについて、いくつか書かれています。しかし実際には米軍に拒否され、これも有名無実化しています。住民、自治体、司法当局は、基地への立ち入り権を行使して、現状を打開するしかありません。

第四条〔基地の返還時の原状回復・補償〕

1　**合衆国は、この協定の終了の際またはその前に日本国に基地を返還するに当って、当該基地をそれらが合衆国軍隊に提供された時の状態に回復し、またはその回復の代りに日本国に補償する義務を負わない。**

2　日本国は、この協定の終了の際またはその前における基地の返還の際、当該基地に加えられている改良またはそこに残される建物もしくはその他の工作物について、合衆国にいかなる補償をする義務も負わない。

3　前記の規定は、合衆国政府が日本国政府との特別とり決めにもとづいて行なう建設には適用しない。

第四条1項（太字部分）によって、米軍がいくら土壌や環境を汚染しても、基地の返還時にそれを元通りにする義務はないとされています。このあきらかに不公平なとり決めについて「考え方」は、2項では日本側も米軍基地に加えられた改良などについて保証する義務はない、そのことでたがいの権利と義務の「均衡をはかっている」と書いていますが、まったく意味不明の解釈です。

第五条〔受け入れ国内における移動の自由、公の船舶・航空機の出入国、基地への出入権〕

1　**合衆国および合衆国以外の国の船舶および航空機で、合衆国によって、合衆国のためにまたは合衆国の管理の下に公の目的で運航されるものは、入港料または着陸料を課されないで日本国の港または飛行場に出入することができる。**この協定による免除をあたえられない貨物または旅客がそれらの船舶または航空機で運送されるときは、日本国の当局にその旨の通告をあたえなければならず、その貨物または旅客の日本国への入国および同国からの出国は、日本国の法令による。

2　**1にかかげる船舶および航空機、合衆国政府所有の車両（機甲車両を含む。）ならびに合衆国軍隊の構成員および軍属ならびにそれらの家族は、合衆国軍隊が使用している基地に出入し、これらのものの間を移動し、およびこれらのものと日本国の港または飛行場との間を移動することができる。**合衆国の軍用車両の基地への出入ならびにこれらのものの間の移動には、道路使用料その他の課徴金を課さない。

3　1にかかげる船舶が日本国の港に入る場合には、通常の状態においては、日本国の当局に適当な通告をしなければならない。その船舶は、強制水先を免除される。もっとも、水先人を使用したときは、応当する料率で水先料を払わなければならない。

第五条は、米軍の日本国内での「移動の権利」についてのとり決めです。「考え方」の最初の版（「原本」）では「移動の自由」だった規定が、増補版で「移動の権利」に変わり、米軍の特権としての船舶や航空機などの日本への出入国の自由、移動の自由が解釈上、さらに強化されています。運用改善による米軍特権の強化が行なわれているのです。

さらに、本来は「米軍」を対象にしているはずの移動の権利も、米政府の「公の目的」であれば「軍務に関係なく」「軍事的事項に限らず、広く日米両政府が協議・協力すること自体が安保条約の目的に包含される」と拡大解釈しています。地位協定が解釈によっていくらでも米国の特権を拡大していけるという実態を示しています。

核持ち込みの事前協議制度と、地位協定五条との整合性の問題に対しても、「考え方」のなかで外務省が苦慮している様子が見られます。

潜水艦の「無害通航」との関係では、一般国際法上も「浮上掲旗」の義務があることが「考え方」でも指摘されています。このことについては82ページでも紹介しましたが、領海内に入る場合は、潜水艦は浮上し、国旗を掲げて入港することが国際法上のとり決めとなっていて、日本側も「浮上入港が常態」として米軍に浮上掲旗義務を果たすように要請しています。しかし、米軍は無視して潜水したまま領海内に入り、港湾に入港しているというのです。義務をはたすことについて「米側との間で一致をみるにいたっていない」として、事実上、国際法にも違反する、国旗をかかげず潜航したままの米潜水艦の領海内での航行を黙認させられているのです。

放射能もれなどの懸念がある原子力潜水艦の入港の事前通告義務も、日本側は当然「つねに必ず存在すると了解」されるとしながらも、実際には事前通告なく入るケースが指摘されています。原潜の放射能もれ事故も過去に起きていますが、米軍は本来受けるべき入港前の事前の放射能チェックを無視し、放射能もれ事故を起こしている原子力潜水艦を沖縄のホワイトビーチや長崎県の佐世保基地に何度も入港させていました。そのことがあきらかになったのは、事故から一〇年後のことで、日本政府も米軍の事後通報で知ったというメチャクチャな話でした。

すでにこの事例はＰＡＲＴ２でくわしく紹介しましたが、米軍の基地外の移動には国内法が適用されるため、重量オーバーで通行不可の「米軍戦車」の通行を可能にする目的で、政府は国内法の「車両制限法」を改正し、米軍の権利を拡大・実現した事例も増補版で詳細に報告されています。

第六条〔航空・通信体系の協調〕

1　すべての非軍用および軍用の航空交通管理および通信の体系は、緊密に協調して発達を図るものとし、かつ、集団安全保障の利益を達成するため必要な程度に整合するものとする。この協調および整合を図るため必要な手続およびそれに対するその後の変更は、両政府の当局間のとり決めによって定める。

2　合衆国軍隊が使用している基地ならびにそれらに隣接しまたはそれらの近傍の領水に置かれ、または設置される燈火その他の航行補助施設および航空保安施設は、日本国で使用されている様式に合致しなければならない。これらの施設を設置した日本国および合衆国の当局は、その位置および特徴を相互に通告しなければならず、かつ、それらの施設を変更し、または新たに設置する前に予告をしなければならない。

第六条は米軍の管制権についてのとり決めです。先進国ではありえない話ですが、69・71ページで見たように日本では嘉手納ラプコンや横田ラプコンなど、国内の航空管制が米軍にゆだねられている巨大な空域があります。二〇一〇年に嘉手納ラプコンと呼ばれる沖縄上空の管制権は、形だけは日本政府（国交省）に返還されましたが、首都圏をおおう横田空域の管制権は米軍に握られたままです。

ラプコンの問題は、「民間機が軍隊の指揮下」に置かれているという問題です。ラプコン下では民間機よりも米軍機が優先されます。外務省は機密文書のなかで米軍の航空管制指揮に「航空法上、積極的な根拠規定はない」として「国民はしたがう義務はない」と明言しています。しかし、実際には米軍の管制官の指揮にしたがわなければ衝突する危険性があり、民間のパイロットたちは否応なく、したがわざるをえない状況におかれています。

第七条〔公共役務の利用優先権〕

合衆国軍隊は、日本国政府の各省その他の機関に当該時に適用されている条件よりも不利でない条件で、日本国政府が有し、管理し、または規制するすべての公益事業および公共の役務を利用することができ、ならびにその利用における優先権を享有するものとする。

第七条は米軍の郵便、電話、電気、ガス、水道など公共サービスの使用について、日本の公共機関と同等かそれ以上の権利を認めています。平和利用を定める通信衛星の軍事利用すら、外務省は地位協定を根拠に米軍にも認める解釈をしています。

第八条〔気象業務の提供〕

日本国政府は、両政府の当局間のとり決めにしたがい、次の気象業務を合衆国軍隊に提供することを約束する。

（a）地上および海上からの気象観測（気象観測船からの観測を含む。）

（b）気象資料（気象庁の定期的概報および過去の資料を含む。）

（c）航空機の安全かつ正確な運航のため必要な気象情報を報ずる電気通信業務

（d）地震観測の資料（地震から生ずる津波の予想される程度およびその津波の影響を受ける区域の予

報を含む。）

第八条は、米軍への気象情報の提供についてのとり決めです。「軍隊の活動にとって気象条件はもっとも重要な情報のひとつ」であるため、その提供は当然だとしています。

第九条〔軍隊構成員などの出入国〕

1　この条の規定にしたがうことを条件として、合衆国は、合衆国軍隊の構成員および軍属ならびにそれらの家族である者を日本国に入れることができる。

2　**合衆国軍隊の構成員は、旅券および査証に関する日本国の法令の適用から除外される。**合衆国軍隊の構成員および軍属ならびにそれらの家族は、外国人の登録および管理に関する日本国の法令の適用から除外される。ただし、日本国の領域における永久的な居所または住所を要求する権利を取得するものとみなされない。

3　合衆国軍隊の構成員は、日本国への入国または日本国からの出国に当たって、次の文書を携帯しなければならない。

（a）氏名、生年月日、階級および番号、軍の区分ならびに写真をかかげる身分証明書

（b）その個人または集団が合衆国軍隊の構成員として有する地位および命令された旅行の証明となる個別的または集団的旅行の命令書

合衆国軍隊の構成員は、日本国にある間の身分証明のため、前記の身分証明書を携帯していなければならない。身分証明書は、要請があるときは日本国の当局に提示しなければならない。

4　軍属、その家族および合衆国軍隊の構成員の家族は、合衆国の当局が発給した適当な文書を携帯し、日本国への入国もしくは日本国からの出国に当たってまたは日本国にある間のその身分を日本国の当局が確認することができるようにしなければならない。

5　1の規定にもとづいて日本国に入国した者の身分に変更があってその者がそのような入国の資格を有しなくなった場合には、合衆国の当局は、日本国の当局にその旨を通告するものとし、また、その者が日本国から退去することを日本国の当局によって要求されたときは、日本国政府の負担によらないで相当の期間内に日本国から輸送することを確保しなければならない。

6　日本国政府が合衆国軍隊の構成員もしくは軍属の日本国の領域からの送出を要請し、または合衆国軍隊の旧構成員もしくは旧軍属に対しもしくは合衆国軍隊の構成員、軍属、旧構成員もしくは旧軍属の家族に対し退去命令を出したときは、合衆国の当局は、それらの者を自国の領域内に受け入れ、その他日本国外に送出することにつき責任を負う。この項の規定は、日本国民でない者で合衆国軍隊の構成員もしくは軍属としてまたは合衆国軍隊の構成員もしくは軍属となるために日本国に入国したものおよびそれらの者の家族に対してのみ適用する。

第九条は、米軍関係者の出入国についてのとり決めです。35ページにもあるように、米軍の構成員は日本への入国に際して旅券《パスポート》も査証《ビザ》もいりません。地位協定があたえる米軍への非常に大きな特権のひとつです。外務省は「外国軍の駐留を認めるかぎり当然のこと」と説明しています。

一方で、法務省は「軍属・家族にも上陸審査などを免除」することについて、基地内への入国時には米軍側に身分確認を任せているとしていますが、外務省はそうした手続きは実態に即して省略してもかまわないとしています。

第一〇条〔運転免許・車両〕

1　日本国は、合衆国が合衆国軍隊の構成員および軍属ならびにそれらの家族に対して発給した運転許可証もしくは運転免許証または軍の運転許可証を、運転者試験または手数料を課さないで、有効なものとして承認する。

2　合衆国軍隊および軍属用の公用車両は、それを容易に識別させる明確な番号標または個別の記号を付けていなければならない。

3　合衆国軍隊の構成員および軍属ならびにそれらの家族の私有車両は、日本国民に適用される条件と同一の条件で取得する日本国の登録番号標をつけていなければならない。

第一〇条は、米軍人などの運転免許の効力についてのとり決めです。家族がアメリカでとった免許証の日本での有効性まで認めることには「問題がある」と、外務省も認めています。これも地位協定の改定が必要な点として外務省が認識しながら、改定を行なっていない問題の箇所です。ほかにも米軍公用車には自動車損害賠償保障法などの法令の適用が免除されることも認めています。

第一一条〔関税〕

1　合衆国軍隊の構成員および軍属ならびにそれらの家族は、この協定中に規定がある場合を除くほか、日本国の税関当局が執行する法令に服さなければならない。

2　合衆国軍隊、合衆国軍隊の公認調達機関または第一五条に定める諸機関が合衆国軍隊の公用のためまたは合衆国軍隊の構成員および軍属ならびにそれらの家族の使用のため輸入するすべての資材、需品および備品ならびに合衆国軍隊が専用すべき資材、需品および備品または合衆国軍隊が使用する物品もしくは施設に最終的には合体されるべき資材、需品および備品は、日本国に入れることを許される。この輸入には、関税その他の課徴金を課さない。前記の資材、需品および備品は、合衆国軍隊、合衆国軍隊の公認調達機関または第一五条に定める諸機関が輸入するものである旨の適当な証明書（合衆国軍隊が専用すべき資材、需品および備品または合衆国軍隊が使用する物品もしくは施設に最終的には合体されるべき資材、需品および備品にあっては、合衆国軍隊が前記の目的のために受領すべき旨の適当な証明書）を必要とする。

3　合衆国軍隊の構成員および軍属ならびにそれらの家族に仕向けられ、かつ、これらの者の私用に供される財産には、関税その他の課徴金を課する。ただし、次のものについては、関税その他の課徴金を課さない。

（a）合衆国軍隊の構成員もしくは軍属が日本国で勤務するため最初に到着した時に輸入し、またはそれらの家族が当該合衆国軍隊の構成員もしくは軍属と同居するため最初に到着した時に輸入するこれらの者の私用のための家具および家庭用品ならびにこれらの者が入国の際持ち込む私用のための身回品

（b）合衆国軍隊の構成員または軍属が自己またはその家族の私用のため輸入する車両および部品

（c）合衆国軍隊の構成員および軍属ならびにそれらの家族の私用のため合衆国において通常日常用として購入される種類の合理的な数量の衣類および家庭用品で、合衆国軍事郵便局を通じて日本国に郵送されるもの

4　2および3であたえる免除は、物の輸入の場合のみに適用するものとし、関税および内国消費税がすでに徴収された物を購入する場合に、当該物の輸入の際関税当局が徴収したその関税および内国

消費税を払いもどすものと解してはならない。

5　税関検査は、次のものの場合には行なわないものとする。

（a）命令により日本国に入国し、または日本国から出国する合衆国軍隊の部隊

（b）公用の封印がある公文書および合衆国軍事郵便路線上にある公用郵便物

（c）合衆国政府の船荷証券により船積みされる軍事貨物

6　関税の免除を受けて日本国に輸入された物は、日本国および合衆国の当局が相互間で合意する条件にしたがって処分を認める場合を除くほか、関税の免除を受けて当該物を輸入する権利を有しない者に対して日本国内で処分してはならない。

7　2および3の規定にもとづき関税その他の課徴金の免除を受けて日本国に輸入された物は、関税その他の課徴金の免除を受けて再輸出することができる。

8　合衆国軍隊は、日本国の当局と協力して、この条の規定にしたがって合衆国軍隊、合衆国軍隊の構成員および軍属ならびにそれらの家族にあたえられる特権の濫用を防止するため必要な措置を執らなければならない。

9　（a）日本国の当局および合衆国軍隊は、日本国政府の税関当局が執行する法令に違反する行為を防止するため、調査の実施および証拠の収集について相互に援助しなければならない。

（b）合衆国軍隊は、日本国政府の税関当局によってまたはこれに代わって行なわれる差押えを受けるべき物件がその税関当局に引き渡されることを確保するため、可能なすべての援助をあたえなければならない。

（c）合衆国軍隊は、合衆国軍隊の構成員もしくは軍属またはそれらの家族が納付すべき関税、租税および罰金の納付を確保するため、可能なすべての援助をあたえなければならない。

(d)　合衆国軍隊に属する車両および物件で、日本国政府の関税または財務に関する法令に違反する行為に関連して日本国政府の税関当局が差し押えたものは、関係部隊の当局に引き渡さなければならない。

第一一条は「関税・税関検査の免除」と、特権乱用防止についてのとり決めです。基地内への大量の非課税物品のもちこみが「不当に横流し」されないよう、「実行可能なすべての措置」をとることと、「違反が発見されたときは、すみやかに税関当局に通知」することを義務づけています。麻薬なども「医療用」なら米軍は輸入可能となっており、問題があります。

第一二条〔調達〕

1　合衆国は、この協定の目的のためまたはこの協定で認められるところにより日本国で供給されるべき需品または行なわれるべき工事のため、供給者または工事を行なう者の選択に関して制限を受けないで契約することができる。そのような需品または工事は、また、両政府の当局間で合意されるときは、日本国政府を通じて調達することができる。

2　現地で供給される合衆国軍隊の維持のため必要な資材、需品、備品、および役務でその調達が日本国の経済に不利な影響を及ぼすおそれがあるものは、日本国の権限のある当局との調整の下に、また、望ましいときは日本国の権限のある当局を通じてまたはその援助を得て、調達しなければならない。

3　合衆国軍隊または合衆国軍隊の公認調達機関が適当な証明書を附して日本国で公用のため調達する資材、需品、備品および役務は、日本の次の租税を免除される。

（a）物品税
（b）通行税
（c）揮発油税
（d）電気ガス税

最終的には合衆国軍隊が使用するため調達される資材、需品、備品および役務は、合衆国軍隊の適当な証明書があれば、物品税および揮発油税を免除される。両政府は、この条に明示していない日本の現在のまたは将来の租税で、合衆国軍隊によって調達され、または最終的には合衆国軍隊が使用するため調達される資材、需品、備品および役務の購入価格の重要なかつ容易に判別することができる部分をなすと認められるものに関しては、この条の目的に合致する免税または税の軽減を認めるための手続について合意するものとする。

4　現地の労務に対する合衆国軍隊および第一五条に定める諸機関の需要は、日本国の当局の援助を得て充足される。

5　所得税、地方住民税および社会保障のための納付金を源泉徴収して納付するための義務ならびに、相互間で別段の合意をする場合を除くほか、賃金および諸手当に関する条件その他の雇用および労働の条件、労働者の保護のための条件ならびに労働関係に関する労働者の権利は、日本国の法令で定めるところによらなければならない。

6　合衆国軍隊または、適当な場合には、第一五条に定める機関により労働者が解職され、かつ、雇用契約が終了していない旨の日本国の裁判所または労働委員会の決定が最終的のものとなった場合には、次の手続が適用される。

（a）日本国政府は、合衆国軍隊または前記の機関に対し、裁判所または労働委員会の決定を通報する。

（b）合衆国軍隊または前記の機関が当該労働者を就労させることを希望しないときは、合衆国軍隊または前記の機関は、日本国政府から裁判所または労働委員会の決定について通報を受けた後七日以内に、その旨を日本国政府に通告しなければならず、暫定的にその労働者を就労させないことができる。

（c）前記の通告が行なわれたときは、日本国政府および合衆国軍隊または前記の機関は、事件の実際的な解決方法を見出すため遅滞なく協議しなければならない。

（d）（c）の規定にもとづく協議の開始の日から三〇日の期間内にそのような解決に到達しなかったときは、当該労働者は、就労することができない。このような場合には、合衆国政府は、日本国政府に対し、両政府間で合意される期間の当該労働者の雇用の費用に等しい額を支払わなければならない。

7　軍属は、雇用の条件に関して日本国の法令に服さない。

8　合衆国軍隊の構成員および軍属ならびにそれらの家族は、日本国における物品および役務の個人的購入について日本国の法令にもとづいて課される租税または類似の公課の免除をこの条の規定を理由として享有することはない。

9　3に掲げる租税の免除を受けて日本国で購入した物は、日本国および合衆国の当局が相互間で合意する条件にしたがって処分を認める場合を除くほか、当該租税の免除を受けて当該物を購入する権利を有しない者に対して日本国内で処分してはならない。

………

第一二条は米軍の資材の調達や免税、労務問題についてのとり決めです。米軍は必要な資材、サービスを日本国内で自由に調達できるというこの「調達自由権」が、米軍が日本国内で「武器」を調達し、それを海外へもちだすという形で、事実上の武器輸出を可能にする「武器輸出三原則」の違反問題として指摘されています。

その原因は、米軍が国内で自由に調達できるもののなかに「武器、（略）武器の製造などにかかわる技術も排除されているわけではない」と日本政府が認めた点にあります。そのうえ、政府は「米軍などが特定の物品などをいつ、どれだけ調達したかなどにつき把握し得る立場にない」と、チェックなしで、事実上放任していることが明らかになっています。さらに「国外搬出の制約は、米軍が軍隊としての機能を維持することを基本的に妨げる」「米軍による武器輸出につき、わが国内法上制約はない」と、武器の輸出についても黙認しています。「考え方」は、武器輸出三原則の形骸化を指摘する国会での追及に対し、「米国が地位協定を悪用や乱用することは考えられない」と答えた政府答弁を紹介しています。

第一三条〔租税〕

1　合衆国軍隊は、合衆国軍隊が日本国において保有し、使用し、または移転する財産について租税または類似の公課を課されない。

2　合衆国軍隊の構成員および軍属ならびにそれらの家族は、これらの者が合衆国軍隊に勤務し、または合衆国軍隊もしくは第一五条に定める諸機関に雇用された結果受ける所得について、日本国政府または日本国にあるその他の課税権者に日本の租税を納付する義務を負わない。この条の規定は、これらの者に対し、日本国の源泉から生ずる所得についての日本の租税の納付を免除するものではなく、また、合衆国の所得税のために日本国に居所を有することを申し立てる合衆国市民に対し、

3　所得についての日本の租税の納付を免除するものではない。これらの者が合衆国軍隊の構成員もしくは軍属またはそれらの家族であるという理由のみによって日本国にある期間は、日本の租税の賦課上、日本国に居所または住所を有する期間とは認めない。合衆国軍隊の構成員および軍属ならびにそれらの家族は、これらの者が一時的に日本国にあることのみにもとづいて日本国に所在する有体または無体の動産の保有、使用、これらの者相互間の移転または死亡による移転についての日本国における租税を免除される。ただし、この免除は、投資もしくは事業を行なうため日本国において保有される財産または日本国において登録された無体財産権には適用しない。この条の規定は、私有車両による道路の使用について納付すべき租税の免除をあたえる義務を定めるものではない。

第一三条は「米軍への課税の免除」についてのとり決めです。米軍は国税の法人税、所得税、地方税の不動産取得税、都市計画税などの「公租公課」が免除されています。「考え方」では、NHK受信料が「公租公課」に当たるかどうかの論議が紹介されています。米側は「租税または類似の公課」に該当しているので、支払い義務はないと主張しています。一方日本側は、受信料は「NHKの維持運営の費用の分担金的性格のもの」で、「米軍人といえども支払義務は免除されない」との見解を示しています。実際、NHKと郵政省（当時）が「放送法第三二条は米軍人にも適用され、受信料は徴収し得る」としているにもかかわらず、一部をのぞき「このような契約を締結せず、受信料を徴収してこなかった」との対応の問題点を指摘しています。

第一四条〔指定契約者の地位〕

1　通常合衆国に居住する人（合衆国の法律にもとづいて組織された法人を含む。）およびその被用者で、合衆国軍隊のための合衆国との契約の履行のみを目的として日本国にあり、かつ、合衆国政府が2の規定にしたがい指定するものは、この条に規定がある場合を除くほか、日本国の法令に服さなければならない。

2　1にいう指定は、日本国政府との協議の上で行なわれるものとし、かつ、安全上の考慮、関係業者の技術上の適格要件、合衆国の標準に合致する資材もしくは役務の欠如または合衆国の法令上の制限のため競争入札を実施することができない場合にかぎり行なわれるものとする。
前記の指定は、次のいずれかの場合には、合衆国政府が取り消すものとする。
（a）合衆国軍隊のための合衆国との契約の履行が終わったとき。
（b）それらの者が日本国において合衆国軍隊関係の事業活動以外の事業活動に従事していることが立証されたとき。
（c）それらの者が日本国で違法とされる活動を行なっているとき。

3　前記の人およびその被用者は、その身分に関する合衆国の当局の証明があるときは、この協定による次の利益をあたえられる。
（a）第五条2に定める出入および移動の権利
（b）第九条の規定による日本国への入国
（c）合衆国軍隊の構成員および軍属ならびにそれらの家族について第一一条3に定める関税その他の課徴金の免除
（d）合衆国政府により認められたときは、第一五条に定める諸機関の役務を利用する権利

（e）合衆国軍隊の構成員および軍属ならびにそれらの家族について第一九条2に定めるもの
（f）合衆国政府により認められたときは、第二〇条に定めるところにより軍票を使用する権利
（g）第二一条に定める郵便施設の利用
（h）雇用の条件に関する日本国の法令の適用からの除外

4　前記の人およびその被用者は、その身分の者であることが旅券に記載されていなければならず、その到着、出発および日本国にある間の居所は、合衆国軍隊が日本国の当局に随時に通告しなければならない。

5　前記の人およびその被用者が1に掲げる契約の履行のためにのみ保有し、使用し、または移転する減価償却資産（家屋を除く。）については、合衆国軍隊の権限のある官憲の証明があるときは、日本の租税または類似の公課を課されない。

6　前記の人およびその被用者は、合衆国軍隊の権限のある官憲の証明があるときは、これらの者が一時的に日本国にあることのみにもとづいて日本国に所在する有体または無体の動産の保有、使用、死亡による移転またはこの協定にもとづいて租税の免除を受ける権利を有する人もしくは機関への移転についての日本国における租税を免除される。ただし、この免除は、投資のためもしくは他の事業を行なうため日本国において保有される財産または日本国において登録された無体財産権には適用しない。この条の規定は、私有車両による道路の使用について納付すべき租税の免除をあたえる義務を定めるものではない。

7　1に掲げる人およびその被用者は、この協定に定めるいずれかの基地の建設、維持または運営に関して合衆国政府と合衆国において結んだ契約にもとづいて発生する所得について、日本国政府または日本国にあるその他の課税権者に所得税または法人税を納付する義務を負わない。この項の規定

は、これらの者に対し、日本国の源泉から生ずる所得についての所得税または法人税の納付を免除するものではなく、また、合衆国の所得税のために日本国に居所を有することを申し立てる前記の人およびその被用者に対し、所得についての日本の租税の納付を免除するものではない。これらの者が合衆国政府との契約の履行に関してのみ日本国にある期間は、前記の租税の賦課上、日本国に居所または住所を有する期間とは認めない。

8　日本国の当局は、1に掲げる人およびその被用者に対し、日本国において犯す罪で日本国の法令によって罰することができるものについて裁判権を行使する第一次の権利を有する。日本国の当局が前記の裁判権を行使しないことに決定した場合には、日本国の当局は、できるかぎりすみやかに合衆国の軍当局にその旨を通告しなければならない。この通告があったときは、合衆国の軍当局は、これらの者に対し、合衆国の法令によりあたえられた裁判権を行使する権利を有する。

第一四条は特殊契約者の指定、特権免除規定についてのとり決めです。これは第一二条に書かれた「調達の自由」を補強するための条項で、「考え方」では行政協定時代に米側が特権を一部乱用した例もあったことから、その乱用防止もこの第一四条の目的と明記しています。

問題は米軍の契約した特殊契約者が、事故や第三者への損害をあたえた場合の措置です。「考え方」は「日本の国内法上、米軍が法律上の責任を負うことになるかどうかを、個々の事案にもとづいて検討することになる」と一般論をのべるにとどまっています。

第一五条〔販売所などの諸機関〕

1　(a)　合衆国の軍当局が公認し、かつ、規制する海軍販売所、ピー・エックス、食堂、社交クラブ、劇場、新聞その他の歳出外資金による諸機関は、合衆国軍隊の構成員および軍属ならびにそれらの家族の利用に供するため、合衆国軍隊が使用している基地内に設置することができる。これらの諸機関は、この協定に別段の定めがある場合を除くほか、日本の規制、免許、手数料、租税または類似の管理に服さない。

（b）合衆国の軍当局が公認し、かつ、規制する新聞が一般の公衆に販売されるときは、当該新聞は、その頒布に関するかぎり、日本の規制、免許、手数料、租税または類似の管理に服する。

2　これらの諸機関による商品および役務の販売には、1（b）に定める場合を除くほか、日本の租税を課さず、これらの諸機関による商品および需品の日本国内における購入には、日本の租税を課する。

3　これらの諸機関が販売する物品は、日本国および合衆国の当局が相互間で合意する条件にしたがって処分を認める場合を除くほか、これらの諸機関から購入することを認められない者に対して日本国内で処分してはならない。

4．この条に掲げる諸機関は、日本国の当局に対し、日本国の税法が要求するところにより資料を提供するものとする。

第一五条は「販売所などの機関」についてのとり決めです。具体的には海軍販売所やPX（基地内売店）、社交クラブ、食堂、劇場、新聞、基地内ゴルフ場などの免許、規制、手数料の「免除」について定めています。「考え方」は、ゴルフ場など米軍人の娯楽のための基地の提供が、米軍への基地提供のための強制収用を定めた特別措置法第三条の『適正かつ合理的である時』に該当しない」、との一九五四年（アーニーパイル事件）、一九六四年（昭島事案）での国が敗訴した東京地裁判決を紹介しています。

第一六条〔日本法令の尊重義務〕
日本国において、日本国の法令を尊重し、およびこの協定の精神に反する活動、とくに政治的活動を慎むことは、合衆国軍隊の構成員および軍属ならびにそれらの家族の業務である。

第一六条は「米軍人などの日本法令の尊重義務」規定です。増補版で外務省は「一般国際法上、外国軍隊には接受国の法令適用はない」ことを強調しています。国内法免除の治外法権の特権を米軍に認める根拠として「軍隊は国家機関であり、当然の帰結」と説明しています。米海軍調査部による日本国内での米兵、日本国民の反戦活動家の身上調査すら、「合法的な手段での情報収集…問題ない」との見解も紹介しています。これでは、司法権までも米軍に提供して、米軍に日本国民の権利や人権、プライバシーの侵害までも許していることになります。

第一七条〔刑事裁判権〕
1　この条の規定にしたがうことを条件として、
（a）合衆国の軍当局は、合衆国の軍法に服するすべての者に対し、合衆国の法令によりあたえられたすべての刑事および懲戒の裁判権を日本国において行使する権利を有する。
（b）日本国の当局は、合衆国軍隊の構成員および軍属ならびにそれらの家族に対し、日本国の領域内で犯す罪で日本国の法令によって罰することができるものについて、裁判権を有する。
2　（a）合衆国の軍当局は、合衆国の軍法に服する者に対し、合衆国の法令によって罰することができる罪で日本国の法令によっては罰することができないもの（合衆国の安全に関する罪を含む。）について、専属的裁判権を行使する権利を有する。

（b）日本国の当局は、合衆国軍隊の構成員および軍属ならびにそれらの家族に対し、日本国の法令によって罰することができる罪で合衆国の法令によっては罰することができないもの（日本国の安全に関する罪を含む。）について、専属的裁判権を行使する権利を有する。

（c）2および3の規定の適用上、国の安全に関する罪は、次のものを含む。

（i）当該国に対する反逆

（ii）妨害行為（サボタージュ）、諜報行為または当該国の公務上もしくは国防上の秘密に関する法令の違反

3

裁判権を行使する権利が競合する場合には、次の規定が適用される。

（a）**合衆国の軍当局は、次の罪については、合衆国軍隊の構成員または軍属に対して裁判権を行使する第一次の権利を有する。**

（i）もっぱら合衆国の財産もしくは安全のみに対する罪またはもっぱら合衆国軍隊の他の構成員もしくは軍属もしくは合衆国軍隊の構成員もしくは軍属の家族の身体もしくは財産のみに対する罪

（ii）**公務執行中の作為または不作為から生ずる罪**

（b）**その他の罪については、日本国の当局が、裁判権を行使する第一次の権利を有する。**

（c）第一次の権利を有する国は、裁判権を行使しないことに決定したときは、できるかぎりすみやかに他方の国の当局にその旨を通告しなければならない。**第一次の権利を有する国の当局は、他方の国がその権利の放棄を特に重要であると認めた場合において、その他方の国の当局から要請があったときは、その要請に好意的考慮を払わなければならない。**

4

前諸項の規定は、合衆国の軍当局が日本国民または日本国に通常居住する者に対し裁判権を行使す

る権利を有することを意味するものではない。ただし、それらの者が合衆国軍隊の構成員であるときは、このかぎりでない。

5 (a) 日本国の当局および合衆国の軍当局は、日本国の領域内における合衆国軍隊の構成員もしくは軍属またはそれらの家族の逮捕および前諸項の規定にしたがって裁判権を行使すべき当局へのそれらの者の引渡しについて、相互に援助しなければならない。

(b) 日本国の当局は、合衆国の軍当局に対し、合衆国軍隊の構成員もしくは軍属またはそれらの家族の逮捕についてすみやかに通告しなければならない。

(c) 日本国が裁判権を行使すべき合衆国軍隊の構成員または軍属たる被疑者の拘禁は、その者の身柄が合衆国の手中にあるときは、日本国により公訴が提起されるまでの間、合衆国が引き続き行なうものとする。

6 (a) 日本国の当局および合衆国の軍当局は、犯罪についてのすべての必要な捜査の実施ならびに証拠の収集および提出（犯罪に関連する物件の押収および相当な場合にはその引渡しを含む。）について、相互に援助しなければならない。ただし、それらの物件の引渡しは、引渡しを行なう当局が定める期間内に還付されることを条件として行なうことができる。

(b) 日本国の当局および合衆国の軍当局は、裁判権を行使する権利が競合するすべての事件の処理について、相互に通告しなければならない。

7 (a) 死刑の判決は、日本国の法制が同様の場合に死刑を規定していない場合には、合衆国の軍当局が日本国内で執行してはならない。

(b) 日本国の当局は、合衆国の軍当局がこの条の規定にもとづいて日本国の領域内で言い渡した自由刑の執行について合衆国の軍当局から援助の要請があったときは、その要請に好意的考慮を払わなければならない。

8 被告人がこの条の規定にしたがって日本国の当局または合衆国の軍当局のいずれかにより裁判を受けた場合において、無罪の判決を受けたとき、または有罪の判決を受けて服役しているとき、服役したとき、もしくは赦免されたときは、他方の国の当局は、日本国の領域内において同一の犯罪について重ねてその者を裁判してはならない。ただし、この項の規定は、合衆国の軍当局が合衆国軍隊の構成員を、その者が日本国の当局により裁判を受けた犯罪を構成した作為または不作為から生ずる軍紀違反について、裁判することを妨げるものではない。

9 合衆国軍隊の構成員もしくは軍属またはそれらの家族は、日本国の裁判権にもとづいて公訴を提起された場合には、いつでも、次の権利を有する。

（a）遅滞なく迅速な裁判を受ける権利

（b）公判前に自己に対する具体的な訴因の通知を受ける権利

（c）自己に不利な証人と対決する権利

（d）証人が日本国の管轄内にあるときは、自己のために強制的手続により証人を求める権利

（e）自己の弁護のため自己の選択する弁護人をもつ権利または日本国でその当時通常行なわれている条件にもとづき費用を要しないでもしくは費用の補助を受けて弁護人をもつ権利

（f）必要と認めたときは、有能な通訳を用いる権利

（g）合衆国の政府の代表者と連絡する権利および自己の裁判にその代表者を立ち会わせる権利

10 （a）合衆国軍隊の正規に編成された部隊または編成隊は、第二条の規定にもとづき使用する基地において警察権を行なう権利を有する。合衆国軍隊の軍事警察は、それらの基地において、秩序および安全の維持を確保するためすべての適当な措置をとることができる。

（ｂ）前記の基地の外部においては、前記の軍事警察は、必ず日本国の当局との取り決めにしたがうことを条件とし、かつ、日本国の当局と連絡して使用されるものとし、その使用は、合衆国軍隊の構成員の間の規律および秩序の維持のため必要な範囲内に限るものとする。

11
日米安保条約第五条の規定が適用される敵対行為が生じた場合には、日本国政府および合衆国政府のいずれの一方も、他方の政府に対し六〇日前に予告をあたえることによって、この条のいずれの規定の適用も停止させる権利を有する。この権利が行使されたときは、日本国政府および合衆国政府は、適用を停止される規定に代わるべき適当な規定を合意する目的をもって直ちに協議しなければならない。

12
この条の規定は、この協定の効力発生前に犯したいかなる罪にも適用しない。それらの事件に対しては、日本国とアメリカ合衆国との間の安全保障条約第三条にもとづく行政協定第一七条の当該時に存在した規定を適用する。

この第一七条が、141ページでも見たように、米兵が罪を犯しても罰することができない最大の原因となっている条項です。

「考え方」のなかでも、米軍の権利を認める一方で、日本政府自身が米軍による日本の司法権の侵害を懸念している様子がわかります。

たとえば318ページで見た、訓練終了後の演習場に草刈りに入った男性が米兵に狙撃されたが、日本が第一次裁判権を放棄した「伊江島事件」（七四年七月）については、

「行政府かぎりで（＝だけで）、裁判権不行使を決定し、これにより検察当局（および裁判所）を法的に拘束することができるかという問題がある。（略）この問題については、まだ国会でとり

あげられたことはないので、政府の考えを明らかにすることを余儀なくされるにいたっていない」と加筆しています。つまりこうした事件での第一次裁判権放棄は、「日本の司法権の侵害」にあたる疑いが強いことを、外務省自身が自覚していたことがわかります。しかし国会での追及を恐れつつ、それでもなお、問題にほおかむりしているのです。

また、公務外に基地の外で罪を犯した米兵らの身柄について、起訴まで日本側が拘束できないことについて「考え方」は、「もっぱら米国との政治的妥協の産物であり、説得力ある説明は必ずしも容易ではない」としながら、「食事・寝具などの風俗習慣の違い」や「米軍側が拘束していても逃亡の恐れがないこと」など、理由にもならない理由をむりやり並べています。問題解決をめざす対米折衝は最初からあきらめ、「妥協」の継続ですませようとしているのです。

第一八条〔請求権・民事裁判権〕

1　各当事国は、自国が所有し、かつ、自国の陸上、海上または航空の防衛隊が使用する財産に対する損害については、次の場合には、他方の当事国に対するすべての請求権を放棄する。

（a）損害が他方の当事国の防衛隊の構成員または被用者によりその者の公務の執行中に生じた場合

（b）損害が他方の当事国が所有する車両、船舶または航空機でその防衛隊が使用するものの使用から生じた場合。ただし、損害をあたえた車両、船舶もしくは航空機が公用のため使用されていたとき、または損害が公用のため使用されている財産に生じたときに限る。

海難救助についての一方の当事国の他方の当事国に対する請求権は、放棄する。ただし、救助された船舶または積荷が、一方の当事国が所有し、かつ、その防衛隊が公用のため使用していたものであった場合に限る。

2（a）いずれか一方の当事国が所有するその他の財産で日本国内にあるものに対して1にあげるようにして損害が生じた場合には、両政府が別段の合意をしないかぎり、（b）の規定にしたがって選定される一人の仲裁人が、他方の当事国の責任の問題を決定し、および損害の額を査定する。仲裁人は、また、同一の事件から生ずる反対の請求を裁定する。

（b）（a）に掲げる仲裁人は、両政府間の合意によって、司法関係の上級の地位を現に有し、または有したことがある日本国民の中から選定する。

（c）仲裁人が行なった裁定は、両当事国に対して拘束力を有する最終的のものとする。

（d）仲裁人が裁定した賠償の額は、5（e）（i）、（ii）および（iii）の規定にしたがって分担される。

（e）仲裁人の報酬は、両政府間の合意によって定め、両政府が、仲裁人の任務の遂行にともなう必要な費用とともに、均等の割合で支払う。

（f）もっとも、各当事国は、いかなる場合においても千四〇〇合衆国ドルまたは五〇万四〇〇〇円までの額については、その請求権を放棄する。これらの通貨の間の為替相場に著しい変動があった場合には、両政府は、前記の額の適当な調整について合意するものとする。

3　1および2の規定の適用上、船舶について「当事国が所有する」というときは、その当事国が裸用船した船舶、裸の条件で徴発した船舶または拿捕した船舶を含む。ただし、損失の危険または責任が当該当事国以外の者によって負担される範囲については、このかぎりでない。

4　各当事国は、自国の防衛隊の構成員がその公務の執行に従事している間にこうむった負傷または死亡については、他方の当事国に対するすべての請求権を放棄する。

5　公務執行中の合衆国軍隊の構成員もしくは被用者の作為もしくは不作為または合衆国軍隊が法律上責任を有するその他の作為、不作為もしくは事故で、日本国において日本国政府以外の第三者に損害をあたえたものから生ずる請求権（契約による請求権および6または7の規定の適用を受ける請求権を除く。）は、日本国が次の規定にしたがって処理する。

（a）請求は、日本国の自衛隊の行動から生ずる請求権に関する日本国の法令にしたがって、提起し、審査し、かつ、解決し、または裁判する。

（b）日本国は、前記のいかなる請求をも解決することができるものとし、合意され、または裁判により決定された額の支払を日本円で行なう。

（c）前記の支払（合意による解決にしたがってされたものであると日本国の権限のある裁判所による裁判にしたがってされたものであるとを問わない。）または支払を認めない旨の日本国の権限のある裁判所による確定した裁判は、両当事国に対し拘束力を有する最終的のものとする。

（d）日本国が支払をした各請求は、その明細ならびに（e）（i）および（ii）の規定による分担案とともに、合衆国の当局に通知しなければならない。二箇月以内に回答がなかったときは、その分担案は、受諾されたものとみなす。

（e）（a）から（d）までおよび2の規定にしたがい請求を満たすために要した費用は、両当事国が次のとおり分担する。

（i）**合衆国のみが責任を有する場合には、**裁定され、合意され、または裁判により決定された額は、**その二五パーセントを日本国が、その七五パーセントを合衆国が分担する。**

（ii）日本国および合衆国が損害について責任を有する場合には、裁定され、合意され、または裁判により決定された額は、両当事国が均等に分担する。損害が日本国または合衆国の防衛隊によって生じ、かつ、その損害をこれらの防衛隊のいずれか一方または双方の責任として特定することができない場合には、裁定され、合意され、または裁判により決定された額は、日本国および合衆国が均等に分担する。

(iii) 比率にもとづく分担案が受諾された各事件について日本国が六箇月の期間内に支払った額の明細書は、支払要請書とともに、六箇月ごとに合衆国の当局に送付する。その支払は、できるかぎりすみやかに日本円で行なわなければならない。

(f) **合衆国軍隊の構成員または被用者（日本の国籍のみを有する被用者を除く）は、その公務の執行から生ずる事項については、日本国においてその者に対してあたえられた判決の執行手続に服さない。**

(g) この項の規定は、(e)の規定が2に定める請求権に適用される範囲を除くほか、船舶の航行もしくは運用または貨物の船積み、運送もしくは陸揚げから生じ、またはそれらに関連して生ずる請求権には適用しない。ただし、4の規定の適用を受けない死亡または負傷に対する請求権については、このかぎりでない。

6

日本国内における不法の作為または不作為で公務執行中に行なわれたものでないものから生ずる合衆国軍隊の構成員または被用者（日本国民である被用者または通常日本国に居住する被用者を除く。）に対する請求権は、次の方法で処理する。

(a) 日本国の当局は、当該事件に関するすべての事情（損害を受けた者の行動を含む）を考慮して、公平かつ公正に請求を審査し、および請求人に対する補償金を査定し、ならびにその事件に関する報告書を作成する。

（b）その報告書は、合衆国の当局に交付するものとし、合衆国の当局は、遅滞なく、慰謝料の支払を申し出るかどうかを決定し、かつ、申し出る場合には、その額を決定する。

（c）慰謝料の支払の申し出があった場合において、請求人がその請求を完全に満たすものとしてこれを受諾したときは、合衆国の当局は、みずから支払をしなければならず、かつ、その決定および支払った額を日本国の当局に通知する。

（d）この項の規定は、支払が請求を完全に満たすものとして行なわれたものでないかぎり、合衆国軍隊の構成員または被用者に対する訴えを受理する日本国の裁判所の裁判権に影響を及ぼすものではない。

7　合衆国軍隊の車両の許容されていない使用から生ずる請求権は、合衆国軍隊が法律上責任を有する場合を除くほか、6の規定にしたがって処理する。

8　合衆国軍隊の構成員または被用者の不法の作為または不作為が公務執行中にされたものであるかどうか、また、合衆国軍隊の車両の使用が許容されていたものであるかどうかについて紛争が生じたときは、その問題は、2（b）の規定にしたがって選任された仲裁人に付託するものとし、この点に関する仲裁人の裁定は、最終的のものとする。

9　（a）合衆国は、日本国の民事裁判所の裁判権に関しては、5（f）に定める範囲を除くほか、合衆国軍隊の構成員または被用者に対する日本国の裁判所の裁判権からの免除を請求してはならない。

（b）合衆国軍隊が使用している基地内に日本国の法律にもとづき強制執行を行なうべき私有の動産（合衆国軍隊が使用している動産を除く。）があるときは、合衆国の当局は、日本国の裁判所の要請にもとづき、その財産を差し押えて日本国の当局に引き渡さなければならない。

（c）日本国および合衆国の当局は、この条の規定にもとづく請求の公平な審理および処理のための証拠の入手について協力するものとする。

10 合衆国軍隊によるまたは合衆国軍隊のための資材、需品、備品、役務および労務の調達に関する契約から生ずる紛争でその契約の当事者によって解決されないものは、調停のため合同委員会に付託することができる。ただし、この項の規定は、契約の当事者が有することのある民事の訴えを提起する権利を害するものではない。

11 この条にいう「防衛隊」とは、日本国についてはその自衛隊をいい、合衆国についてはその軍隊をいうものと了解される。

12 2および5の規定は、非戦闘行為にともなって生じた請求権についてのみ適用する。

13 この条の規定は、この協定の効力発生前に生じた請求権には適用しない。それらの請求権は、旧安保条約第三条にもとづく行政協定第一八条の規定によって処理する。

第一八条は、米軍に対する請求権についてのとり決めです。外務省が、米側の言い分と実態を、どう整合性をもたせるかに苦心する箇所が目につきます。ここでは米軍によって被害を受けたのが、(1) 自衛隊、(2) それ以外の国有財産、(3) 政府以外の第三者、のどれかによって請求権の処理が違うことが説明され、(1)(2) については基本的に請求権が放棄される規定になっています。

「考え方」はまず、一九八一年五月、自衛隊が共同使用する青森県の米軍三沢飛行場で起きた事例に言及しています。米軍の滑走路の補修工事後に残された微小な鉄球を吸いこんだ自衛隊機のエンジンが壊れたとき、日本側は米軍への損害賠償の請求権を放棄し、修理費を請求しなかったというのです。明らかに米軍による過失、米軍が原因で生じた損害にもかかわらず、米軍には請求しないで日本の税金で修理しています。

おかしいのは、「考え方」がこの請求権は第一八条1項にもとづき放棄されたが、同項にそうした「明文上の定めはない」としているところです。しかし、米軍による基地の管理に問題があって損害が発生したときは、「米軍構成員の公務執行中」に生じた損害であるため、日本は対米請求権を放棄するとしているのです。地位協定上も明文上の規定がないのに、米軍寄りの解釈を行なって、請求権を放棄しているのです。

また「考え方」は、第一次横田基地騒音訴訟の一審判決（八一年七月）で、米軍の営造物管理責任を定める民事特別法二条をもとに、基地の設置・管理に手落ちがあると指摘されて国が賠償を命じられたことへの不満を明かしています。米軍の訓練飛行の騒音の違法性をもとに、国が損害賠償を命じられたことは不当だとしているのです。しかしこの記述からは、外務省が米軍機の爆音被害に苦しむ住民に対し、どのような解決方法を提示するつもりかは不明です。

注目されるのは、第一八条5項（ｆ）に関し、公務中に日本国民に損害を負わせた米兵個人に対する民事裁判の提訴ができるかどうかをめぐる解釈です。「公務中の米軍人などの行為にもとづく損害に関し、（略）訴えを提起すること自体は排除されていない」として、公務中であっても米軍人の行為でこうむった損害については訴訟が可能との判断を示しながら、相手の米軍人などに対して「判決の強制執行を行なうことは認められない」としています。

この件に関して、横浜市で起きたファントム墜落事故の損害賠償訴訟で、重傷を負った被害者家族が、国に加えて、公務中だった米軍操縦士二人も裁けるとして、損害賠償訴訟を提訴したことがあります。「考え方」はこのとき米軍が、二人の米軍操縦士に対しては日本の民事裁判権はないと主張する一方で、地位協定解釈上の反論の口上書を公式に外務省に送りつけようとしたことにふれています。しかし日本側は「今後の類似事件の処理のこともあり（略）米側見解が外交文書で示されれば公式に反論せざるをえないと説得し、口上書提出は断念させた」と、「考え方」は水面下での働きかけを生々しく書いています。公務中の米軍人の裁判権をめぐる日米の見解の相違が公になることを避け、封印した舞台裏が透けて見えてきます。

第一九条〔外国為替管理〕

1　合衆国軍隊の構成員および軍属ならびにそれらの家族は、日本国政府の外国為替管理に服さなければならない。

2　1の規定は、合衆国ドルもしくはドル証券で、合衆国の公金であるもの、合衆国軍隊の構成員および軍属がこの協定に関連して勤務し、もしくは雇用された結果取得したものまたはこれらの者およびそれらの家族が日本国外の源泉から取得したものの日本国内または日本国外への移転を妨げるものと解してはならない。

3　合衆国の当局は、2に定める特権の濫用または日本国の外国為替管理の回避を防止するため適当な措置を執らなければならない。

第一九条は、外国為替管理についてのとり決めです。沖縄に駐留する米軍も、決済などは「日本の外国為替管理に服す」と定めています。しかし、軍隊があつかう資金はすべて公金とみなし、米軍人・軍属が「地位協定に関連して勤務、取得した資金の国外移転は妨げない」との特権も認めたうえで、「特権の乱用、外国為替管理の回避措置」を米軍当局に求めています。

第二〇条〔軍票〕

1　（a）　ドルをもって表示される合衆国軍票は、合衆国によって認可された者が、合衆国軍隊の使用している基地内における相互間の取引のため使用することができる。合衆国政府は、合衆国の規則が許す場合を除くほか、認可された者が軍票を用いる取引に従事することを禁止するよう適当な措置を執るものとする。日本国政府は、認可されない者が軍票を用いる取引に従事することを禁止するため必要な措置を執るものとし、また、合衆国の当局の援助を得て、軍票の偽造または偽造軍票の使用に関与する者で日本国の当局の裁判権に服すべきものを逮捕し、および処罰するものとする。

（b）　合衆国の当局が認可されない者に対し軍票を行使する合衆国軍隊の構成員および軍属ならびにそれらの家族を逮捕し、および処罰することならびに、日本国における軍票の許されない使用の結果として、合衆国またはその機関が、その認可されない者または日本国政府もしくはその機関に対していかなる義務をも負うことはないことが合意される。

2　軍票の管理を行なうため、合衆国は、その監督の下に、合衆国が軍票の使用を認可した者の用に供する施設を維持し、および運営する一定のアメリカの金融機関を指定することができる。軍用銀行施設を維持することを認められた金融機関は、その施設を当該機関の日本国における商業金融業務から場所的に分離して設置し、および維持するものとし、これに、この施設を維持し、かつ、運営することを唯一の任務とする職員を置く。この施設は、合衆国通貨による銀行勘定を維持し、かつ、この勘定に関するすべての金融取引（第一九条２に定める範囲内における資金の受領および送付を含む。）を行なうことを許される。

第二〇条は軍票・軍用銀行についてのとり決めです。「考え方」は、一九七九年の外為法の全面改正や、軍票は「昭和四四年以降事実上使用されていない」など、大きな変化が起こったとしながらも、やはり地位協定の見直しや改定までは行なわない方針を堅持しています。

第二一条〔軍事郵便局〕

合衆国は、合衆国軍隊の構成員および軍属ならびにそれらの家族が利用する合衆国軍事郵便局を、日本国にある合衆国軍事郵便局間およびこれらの軍事郵便局と他の合衆国郵便局との間における郵便物の送達のため、合衆国軍隊が使用している基地内に設置し、および運営することができる。

第二一条は「軍事郵便局」についてのとり決めです。この条項にもとづいて日本は米軍専用の郵便局の開設特権を認め、その結果、麻薬や私的な武器の国内へのもちこみ問題がたびたび起きていますが、「考え方」はその対応策についてはなにも示していません。

第二二条〔予備役編入と訓練〕

合衆国は、日本国に在留する適格の合衆国市民で合衆国軍隊の予備役団体への編入の申請を行なうものを同団体に編入し、および訓練することができる。

第二二条は「在日米国市民の軍事訓練」についてのとり決めです。「考え方」は予備役の訓練のために在日米軍基地を使用することを認めていますが、訓練中の米国市民については地位協定の適用外と解釈されているとしています。

第二三条〔安全確保のための措置〕

日本国および合衆国は、合衆国軍隊、合衆国軍隊の構成員および軍属ならびにそれらの家族ならびにこれらのものの財産の安全を確保するため随時に必要となるべき措置をとることについて協力するものとする。日本国政府は、その領域において合衆国の設備、備品、財産、記録および公務上の情報の十分な安全および保護を確保するため、ならびに適用されるべき日本国の法令にもとづいて犯人を罰するため、必要な立法を求め、および必要なその他の措置をとることに同意する。

第二三条は米軍や米軍関係者とその財産に関する安全措置についてのとり決めです。米軍に対する日本国民の犯罪を罰する「刑事特別法」の根拠となっているのがこの条文です。

第二四条〔経費の分担〕

1　日本国に合衆国軍隊を維持することにともなうすべての経費は、2に規定するところにより日本国が負担すべきものを除くほか、この協定の存続期間中、日本国に負担をかけないで合衆国が負担することが合意される。

2　日本国は、第二条および第三条に定めるすべての基地ならびに路線権（飛行場および港における基地のように共同に使用される基地を含む）をこの協定の存続期間中合衆国に負担をかけないで提供し、かつ、相当の場合には、基地ならびに路線権の所有者および提供者に補償を行なうことが合意される。

3　この協定にもとづいて生ずる資金上の取引に適用すべき経理のため、日本国政府と合衆国政府との間にとり決めを行なうことが合意される。

第二四条は「駐留経費の分担」についてのとり決めです。本来、日本側の経費負担義務は「基地と路線権の提供のみ」ですが、「考え方」は既存の提供基地内への新たな施設の建設・提供も「可能」とするための方法や解釈を書いています。

本来、米側が建設した「ドル資産」の増・改築、改修は米側が負担すると日米地位協定は定めています。しかし実際には、83ページでもふれたように「米側が構築した施設（いわゆる「ドル資産」）の所有権を日本政府に移転したうえで、これを改築したりすることも基地の提供と観念し得るものと考えられる」として、所有権移転による日本側負担を可能にする手法を「考え方」は披露しています。

実際に米軍普天間基地の滑走路の延長工事では、「土地は日本側が提供し、工事は米側実施が従来の例」としながら、同答弁を超えた滑走路工事を日本側負担で実施していいます。「沖縄の普天間飛行場の滑走路の日本側による補強は、この場合に該当する事例」としています。「考え方」は、協定外の費用負担として「協定違反」の不当支出と指摘される「思いやり」予算も、「安保条約の目的達成との関係」などから容認しています。この措置で、協定が歯止めを掛ける「原則として代替の範囲を超える新築」も、思いやり予算を使えば可能となっています。ただ同措置については外務省自身、「本来は単一の施設とすべきものを『代替の範囲内』の代替案件と『思いやり』案件とに分けて提供せざるをえないというようなことになるなど、かえって予算の効率的な使用を妨げかねないという矛盾がある」として、今後の検討課題だという認識を示しています。

第二五条〔合同委員会〕

1　この協定の実施に関して相互間の協議を必要とするすべての事項に関する日本国政府と合衆国政府

との間の協議機関として、合同委員会を設置する。合同委員会は、特に、合衆国が日米安保条約の目的の遂行に当たって使用するため必要とされる日本国内の基地を決定する協議機関として、任務を行なう。

2　合同委員会は、日本国政府の代表者一人および合衆国政府の代表者一人で組織し、各代表者は、一人または二人以上の代理および職員団を有するものとする。合同委員会は、その手続規則を定め、ならびに必要な補助機関および事務機関を設ける。合同委員会は、日本国政府または合衆国政府のいずれか一方の代表者の要請があるときはいつでも直ちに会合することができるように組織する。

3　合同委員会は、問題を解決することができないときは、適当な経路を通じて、その問題をそれぞれの政府にさらに考慮されるように移すものとする。

第二五条は、日米地位協定の運用をつかさどる協議機関「日米合同委員会」の設置を定めた条文です。日米合同委員会の協議内容は、在日米軍への基地の提供、返還など、地位協定の運用に関するあらゆる内容を含んでいます。議長と会議場所は日米交互で開催され、日本側は外務省北米局長、米側は在日米軍副司令官らが「政府代表」として出席します。合意内容は「基地に関する場合」を別として、「通常の運用に関する合同委員会合意」は、「日米両政府を拘束する」強大な権限を付与されています。

増補版は「日米合同委員会合意」だけで、基地の提供が行なわれたケース（自衛隊基地を米側が一時使用)をとりあげ、「閣議決定前にこのような行政取り決めの締結が行なわれることは問題」と指摘しています。この問題で外務省は、米側には閣議決定後、「『附票』（行政協定時代から引きつがれている基地の台帳のようなもの）」の改正をもって「協定の締結」とすべきだ申し入れていますが、「米側はそのような考え方を拒否した」といいます。

外務省は「政治的な問題になりえるような協定を締結する際には、日米合同委員会合意（署名）の前に、閣議決定を得ておくことが安全である」との注意を付しています。

また日米合同委員会合意は「地位協定や日本の法令に抵触する合意はできない」ことに加え、予算執行をともなう場合は「予算成立後かつ、予算の範囲内」での合意を求めています。合同委員会は地位協定の締結以降、九百回以上開かれています。

基地の具体的な運用内容を決定し、基地周辺住民への影響も大きい。このため沖縄県や基地所在市町村からは日米合同委員会合意の開示要求も強くなっています。

しかし、「日米合同委員会合意文書は、原則として不公表扱い」が、日米間で合意されており、公表されていません。このため「密室の委員会」と呼ばれることもあります。

政府は「考え方」作成前後の一九八〇年代はじめには、「国民生活に密接な関係のあるもの、あるいはとくに秘密にする必要のないものなどはなるべく公表する」と国会答弁で約束していましたが、基本が不公表ですから、どれだけ公表されているかは確認する方法がありません。

第二六条〔国内法上の措置・効力発生〕

1　この協定は、日本国および合衆国によりそれぞれの国内法上の手続にしたがって承認されなければならず、その承認を通知する公文が交換されるものとする。

2　この協定は、1に定める手続が完了した後、日米安保条約の効力発生の日に効力を生じ、一九五二年二月二八日に東京で署名された日米行政協定（改正を含む）は、その時に終了する。

3　この協定の各当事国の政府は、この協定の規定中その実施のため予算上および立法上の措置を必要とするものについて、必要なその措置を立法機関に求めることを約束する。

第二六条は「協定の発効」と「予算、立法上の措置」についてのとり決めです。地位協定の運用に必要な国内法の立法、整備、予算措置義務が課せられています。「考え方」は、こうした義務は「当然のこと」と強調しています。

また、日米地位協定の前身である日米行政協定が国会承認を受けなかったことは憲法違反とは考えていないが、それが国会でたびたび問題になったこともあり、地位協定では国会承認を得たと解説しています。

第二七条〔改正〕

いずれの政府も、この協定のいずれの条についてもその改正をいつでも要請することができる。その場合には、両政府は、適当な経路を通じて交渉するものとする。

第二七条は、改正手続きについてのとり決めです。しかし「考え方」は、「政府は地位協定の改正は考えていない」と、くり返し強調しています。

第二八条〔有効期間〕

この協定およびその合意された改正は、日米安保条約が有効である間、有効とする。ただし、それ以前に両政府間の合意によって終了させたときは、このかぎりでない。

第二八条は「協定の終了」についてのとり決めです。安保条約が有効な期間でも日米両政府が合意すれば地位協定の終了は可能という記述が、「米軍の駐留なき日米安保」を想定したものか、「有事の際の新協定締結」を想定したものか、今後の論議が求められています。

以上の証拠として、下名の全権委員は、この協定に署名した。

一九六〇年一月一九日にワシントンで、ひとしく正文である日本語および英語により本書二通を作成した。

日本国のために
岸信介　藤山愛一郎　石井光次郎　足立正　朝海浩一郎
アメリカ合衆国のために
クリスチャン・A・ハーター　ダグラス・マックアーサー二世　J・グレイアム・パースンズ

付録　日米安全保障条約（新）

［正式名称］日本国とアメリカ合衆国との間の相互協力および安全保障条約
［場　所］ワシントンDC（署名）
［年月日］一九六〇年一月一九日（署名）　同年六月二三日（発効）

日本国およびアメリカ合衆国は、

両国のあいだに伝統的に存在する平和および友好の関係を強化し、ならびに民主主義の諸原則、個人の自由および法の支配を擁護することを希望し、

また、両国のあいだの一層緊密な経済的協力を促進し、ならびにそれぞれの国における経済的安定および福祉の条件を助長することを希望し、

国際連合憲章の目的および原則に対する信念ならびにすべての国民およびすべての政府とともに平和のうちに生きようとする願望を再確認し、

両国が国際連合憲章に定める個別的または集団的自衛の固有の権利を有していることを確認し、

両国が極東における国際の平和および安全の維持に共通の関心を有することを考慮し、

相互協力および安全保障条約を締結することを決意し、

よって、次のとおり協定する。

第一条

締約国は、国際連合憲章に定めるところにしたがい、それぞれが関係することのある国際紛争を平和的手段によって国際の平和および安全ならびに正義を危うくしないように解決し、ならびにそれぞれの国際関係において、武力による威嚇または武力の行使を、いかなる国の領土保全または政治的独立に対するものも、また、国際連合の目的と両立しない他のいかなる方法によるものも慎むことを約束する。

締約国は、他の平和愛好国と協同して、国際の平和および安全を維持する国際連合の任務が一層効果的に遂行されるように国際連合を強化することに努力する。

第二条

締約国は、その自由な諸制度を強化することにより、これらの制度の基礎をなす原則の理解を促進することにより、ならびに安定および福祉の条件を助長することによって、平和的かつ友好的な国際関係の一層の発展に貢献する。締約国は、その国際経済政策におけるくい違いを除くことに努め、また、両国のあいだの経済的協力を促進する。

第三条

締約国は、個別的におよび相互に協力して、継続的かつ効果的な自助および相互援助により、武力攻撃に抵抗するそれぞれの能力を、憲法上の規定にしたがうことを条件として、維持し発展させる。

第四条

締約国は、この条約の実施に関して随時協議し、また、日本国の安全または極東における国際の平和および安全に対する脅威が生じたときはいつでも、いずれか一方の締約国の要請により協議する。

第五条

各締約国は、日本国の施政の下にある領域における、いずれか一方に対する武力攻撃が自国の平和および安全を危うくするものであることを認め、**自国の憲法上の規定および手続にしたがって**共通の危険に対処するように行動することを宣言する。

前記の武力攻撃およびその結果としてとったすべての措置は、国際連合憲章第五一条の規定にしたがってただちに国際連合安全保障理事会に報告しなければならない。その措置は、安全保障理事会が国際の平和および安全を回復しおよび維持するために必要な措置をとったときは、終止しなければならない。

第六条

日本国の安全に寄与し、ならびに極東における国際の平和および安全の維持に寄与するため、アメリカ合衆国は、その陸軍、空軍および海軍が日本国において基地を使用することを許される。

前記の基地の使用ならびに日本国における合衆国軍隊の地位は、一九五二年二月二八日に東京で署名された日本国とアメリカ合衆国とのあいだの安全保障条約第三条にもとづく行政協定（改正を含む）に代わる別個の協定および合意される他のとり決めにより規律される。

第七条

この条約は、国際連合憲章にもとづく締約国の権利および義務または国際の平和および安全を維持する国際連合の責任に対しては、どのような影響もおよぼすものではなく、また、およぼすものと解釈してはならない。

第八条

この条約は、日本国およびアメリカ合衆国により各自の憲法上の手続にしたがって批准されなければならない。この条約は、両国が東京で批准書を交換した日に効力を生ずる。

第九条

一九五一年九月八日にサン・フランシスコ市で署名された日本国とアメリカ合衆国との間の安全保障

条約は、この条約の効力発生の時に効力を失う。

第一〇条

この条約は、日本区域における国際の平和および安全の維持のため十分な定めをする国際連合の措置が効力を生じたと日本国政府およびアメリカ合衆国政府が認める時まで効力を有する。

もっとも、**この条約が一〇年間効力を存続した後は、いずれの締約国も、他方の締約国に対しこの条約を終了させる意思を通告することができ、その場合には、この条約は、そのような通告が行なわれた後一年で終了する。**

以上の証拠として、下名の全権委員は、この条約に署名した。

一九六〇年一月一九日にワシントンで、ひとしく正文である日本語および英語により本書二通を作成した。

日本国のために
岸信介　藤山愛一郎　石井光次郎　足立正　朝海浩一郎

アメリカ合衆国のために
クリスチャン・A・ハーター　ダグラス・マックアーサー二世　J・グレイアム・パーソンズ

あとがき――沖縄、そして日本から米軍基地がなくなる日

「もう米兵犯罪の被害にあうのはいやです。でも米軍基地がなければ沖縄の経済は破綻すると聞きます。沖縄から米軍基地は永遠になくならないのですか」

そんな質問を、沖縄をはじめ全国の高校生や中学生たちからよく投げかけられます。二〇一二年秋、沖縄は米兵による集団レイプ事件や男子中学生暴行事件など凶悪事件が相つぎました。集団レイプ事件では、これまで海兵隊が中心だった凶悪事件に、海軍や空軍兵士など比較的犯罪の少なかった軍の兵士が加わり、人びとに衝撃をあたえました。

帰宅途中で追いかけられ、レイプされたうえに財布まで奪われた被害者。彼女から奪ったその財布のお金で米兵たちは飲みなおしていました。兵士らはレイプ事件の数時間後には、嘉手納《かでな》基地からフィリピンに移動する予定でした。通報が早かったために、沖縄県警察が緊急配備

を敷き、捜査員を大量投入して、一気に犯人の米兵らの逮捕にいたりました。米軍より先に事件をつかみ、米兵らの身柄を先に押さえたために、日米地位協定の壁にぶつかることなく捜査、事件の立件へと進むことができたのです。

事件後、米軍は在日米軍全体に対して「オフリミッツ＝午後一一時以降の深夜外出禁止令」を出し、綱紀粛正と再発防止を懸命にアピールしました。

私も全国の新聞社やテレビ局からコメントを求められました。「全国的なオフリミッツは初めてですが、いかがですか？」とのメディアの記者たちからの質問には、「米軍も真剣に再発防止に取り組んでいますよ」というアピールにも似たニュアンスがありました。私は「オフリミッツなんて、過去にも何度もやってきたが、米兵犯罪はその後もつづいています。それこそ、復帰後だけでも沖縄では五七〇〇件もの米軍犯罪が起きています。その数だけ米軍は再発防止と綱紀粛正を誓ってきたはずですが、結果はご覧のとおり。オフリミッツも米軍が駐留している韓国やフィリピンなどでも凶悪事件が起きるたびに実施されてきたが、犯罪抑止効果はあがっていません」と答えました。

その深夜外出禁止令の発令から間もなく、沖縄県の読谷村《よみたんそん》で、三階建てのアパートの三階自室でテレビを見ていた男子中学生が、酔って侵入してきた米兵にテレビを壊され、顔面を殴打されるという事件が起きました。

言ったとおりになってしまいました。米兵がいるかぎり、犯罪は起きます。深夜外出禁止にしても、米軍基地の外の民間アパートに一万人を越える米兵たちが生活しています。彼らはどうやって外出禁止にできるのか。違反した米兵らにはどのような罰があたえられるのか。まったく情報がないままに、深夜外出禁止措置だけがアピールされました。

本書でも韓国の例を紹介しましたが、女子高校生が立てつづけにレイプされる事件が起きたあと韓国でも、一カ月間の深夜外出禁止令などが出されましたが、犯罪抑止効果はほとんどありませんでした。

むしろ「オフリミッツは、犯罪に対する批判や非難をかわして、逆に飲み屋や商店街などで米軍や米兵が消費活動を行なって地域経済に大きく貢献している、ということをアピールするためにとられる措置」だと、米軍基地をかかえる沖縄県内の沖縄市や北谷町《ちゃたんちょう》の商工会幹部が冷ややかに解説してくれます。「俺たちが飲みにこないと店はつぶれるよ」という逆恐喝の手法ということになります。

実際に、深夜外出禁止令は、基地周辺の商店街などからの「解除要請」によって解除されるケースも少なくないと聞いています。

「四〇年間に五七〇〇件の米軍事件、五〇〇件を越す航空機事故、四〇件近い墜落事故が起きているのに、米軍基地といっしょに生きていかざるを得ないという不条理に、沖縄はいつまで

耐えなければならないのでしょうか」（高里鈴代《たかさとすずよ》さん「基地・軍隊を許さない行動する女たちの会」共同代表）

そう、沖縄だけでなく、日本全体から米軍基地がなくなる日は来るのでしょうか。

軍事基地から経済基地へ

日米地位協定の主たる「戦場」となっている沖縄の未来について、すこし踏みこんだ話をしたいと思います。

戦後の沖縄は「日本の意志（天皇メッセージ）」によって、米軍統治下におかれたとされています。「世界の警察」を自任していたはずの米国ですが、終戦直後から一九七二年の施政権の日本返還にいたるまでの戦後二七年間、米軍統治下におかれた沖縄では毎年一千件を超える殺人や強姦、強盗などの凶悪な米兵犯罪、流《なが》れ弾《だま》、環境汚染、演習火災など米軍事故が多発していました。「世界の警察」どころか、「世界の恥」と米誌記者に言わせたほどの横暴のかぎりをつくしています。

米軍統治下の沖縄では、犯罪米兵に対する法の裁きは期待できず、殺され損の人権無視、銃剣とブルドーザーによる田畑や家の破壊、土地の強制接収による米軍基地の強行建設、米軍の管理経済下で不自由な経済、極端な円高通貨政策（B円）による輸出・加工・製造業の破壊、労働力の米軍基地建設への集中による米軍依存経済の構築など、沖縄が日本に復帰した今も「基地依存経済」の呪縛から抜けだせていません。

沖縄を統治した米軍司令官は、住民自治を求める沖縄住民に「沖縄の自治は神話」とさえ言ってのけました。世界の民主主義を守るはずの米国が、実際には住民自治を否定し、財産権や参政権、生存権など基本的人権を否定していました。

人権と生命、財産を守るために沖縄住民がとった選択は「米軍統治」からの脱出でした。米軍事政権下での異民族支配の圧政から、命と人権を尊重する国家、銃剣で土地を強奪しない政府、犯罪者を裁き犯罪を抑止する平等な司法、民主主義と自治を認める行政。それらを国是とする憲法をもち、憲法の理念を体現する民主主義国家・ニッポン。米軍、米国の暴政からの救いを日本に求めました。沖縄住民が「施政権の日本移管」「米軍占領地・沖縄の日本返還」を選択した理由でした。

その日本復帰から、沖縄は昨年四〇年の節目をむかえました。しかし、終戦から六八年を経た今も、沖縄には米軍統治時代と変わらぬ広大な米軍基地が厳然と存在し、年間平均約一五〇件（復帰後四〇年間）もの米兵犯罪がくり返されています。犯罪をおかした米兵への十分な捜査・裁判権は行使できず、米軍の演習被害や爆音被害に悲鳴をあげ続けています。それが「沖縄の施政権返還」という日本復帰でした。

「最低でも県外」と米軍普天間移設問題で県外移設を公約した民主党の鳩山首相には、「やっぱり沖縄県内でお願いするしかない」と公約を破棄されてしまいました。

つづく菅政権、野田政権も、知事や県・市町村議会が強く反対の意志表示をくり返すなか、どちらも民意を無視し他国の軍隊の新基地建設を強行しようとしました。

日米ともに「民主党」という名をもつ政党が政権を掌握しながら、ともに民意に寄りそうことなく、民意に背き、民意を踏みにじってしまった。これも歴史の皮肉でしょうか。

これが沖縄からみえる日本の危うい民主主義の現実です。戦後六八年たって沖縄が日米両政府に問うているのは、両国の民主主義の「質（クオリティ）」の問題なのです。

脱基地で繁栄する沖縄

それでは米軍基地なしで、沖縄経済は本当に大丈夫なのでしょうか。結論を先に言えば、脱基地経済は十分に可能です。そして、それは今、まさにチャンスを迎えています。

これは沖縄県の調査ですが、沖縄県内の平均的な土地の生産性は一平方キロメートル当たり「一六億円（〇六年）」ですが、米軍基地の生産性は「九億円」とほぼ六割程度の水準となっています。沖縄は広大な米軍基地に土地利用をはばまれて「毎年一六〇〇億円も損をしている」というのが沖縄県の試算です。

米軍基地は沖縄県面積の一〇%、沖縄本島面積の一八・四%なのに、県経済全体（県民総所得約三兆九千億円）の五%（約二千億円＝基地関連収入）しか経済貢献度はありません。

土地面積は二〇%を占めているのに、経済貢献度は五%というわけですから「米軍基地に土地を取られるのは不経済」という沖縄県の説明にはうなずけるものがあります。

米軍基地の雇用効果にも疑問が投げかけられています。沖縄の米軍基地従業員総数は九千人です。そのシェアは沖縄の全労働力人口（約六二万人）の一・五%にとどまっています。これも米軍基地面積からすると小さすぎます。多くが山林、演習地とはいえ、基地のなかには普天間飛行場、嘉手納飛行場、那覇軍港、キャンプ・キンザー（牧港《まきみなと》補給基地）、キャンプ端慶覧《ずけらん》、キャンプ桑江《くわえ》など沖縄本島の人口密集地、市街地の一等地、ど真ん中にもたくさんあります。

四千メートル級滑走路が二本もある米軍嘉手納《かでな》飛行場（一九八六ヘクタール）、普天間飛行場（四八〇ヘクタール）、大型倉庫群の米軍牧港《まきみなと》補給基地（二七四ヘクタール）など都心部も含め沖縄には三四の米軍基地があります。基地の総面積二万三二四七ヘクタールです。

四千メートル級滑走路一本と二五〇〇メートル滑走路一本をもつ成田国際空港（千葉県）の総面積は九四〇ヘクタール。嘉手納飛行場の約半分しかありません。でも千葉県への経済波及効果は九七八九億円。雇用効果は六万四千人。税収効果は三一六億円にものぼります。沖縄の基地全体の二五分の一の面積で経済効果は約五倍もあります。成田の倍の嘉手納飛行場を米軍から民間に移して、国際ハブ空港として活用できれば、その気になれば一兆円の経済効果をあげることも可能ということです。ところが、米軍基地は逆に日本国民が税金で土地を借りあげ、米軍に無償で提供しています。基地の維持費の負担を考えると、国家財政からもマイナスということになります。

沖縄の米軍基地の占有面積比からすると極端にいえば沖縄県の基地収入は現在の四倍の約八千億円、雇用は一二倍の約一一万人がほしいところです。

LCC（低価格航空会社）や国内の航空会社は嘉手納飛行場の活用に強い関心を示しています。利用増で満杯の那覇空港の現状からも嘉手納の活用を考える好機かもしれません。

返還で膨らむ雇用と税収

実際に沖縄県で米軍基地が返還された跡地の現状についてみてみましょう。

まずは返還跡地の北谷町《ちゃたんちょう》のハンビー地区（米軍ハンビー飛行場跡、四二ヘクタール）では、返還後、雇用は約一〇〇人から二二五九人と二二倍に、税収効果は三五七万円（固定資産税）から一億八五〇万円と五一倍に、経済波及効果は返還後二〇年間で二一億円から一七二七億円と八一倍に激増しています。

隣の北谷町美浜《みはま》地区（アメリカン・ビレッジ）も、かつては米軍のメイモスカラー射撃場でした。米軍基地時代は制限水域などもあって、沖合も自由に使えませんでした。返還後は、沖合を埋め立ててエリア拡大できたこともありますが、射撃場時代にはほとんどなかった雇用が、返還後は一気に三五六三人が働く中部エリアきっての繁華街、商業地に急発展しました。税収効果は一九二万円（固定資産税）から七四一一万円と三九倍。経済波及効果も約二四億円が一七二七億円と八一倍に激増しています。

「那覇新都心」もかつては米軍の牧港住宅地区でした。一九八七年に返還されましたが、一九六人だった雇用は、返還後は七一六八人（〇六年）と約三七倍に増えています。

うるま市の天願通信所は返還後、雇用が四人から二四三一人と六〇七倍に。沖縄市の泡瀬通信所は返還後、八六人から三二五七人と三八倍に。かつての米軍那覇空軍・海軍補助施設跡地の那覇市小禄《おろく》・金城《きんじょう》地区は、返還後、ジャスコなど商業施設が集積して雇用は四七〇人から六七六九人と一四倍に増えています。

米軍基地返還跡地の華やかな変貌、成功ぶりをみると、基地返還効果の大きさが実感できます。

もうひとつ、沖縄が依存しているとされる在沖米軍基地関連収入（約二千億円）ですが、基地収入の大半を占める軍用地料（約八〇〇億円）、基地従業員の給与（五〇〇億円）などは日本の負担、つまり基地収入の六割以上は日本国民の払う税金というのも見逃せません。

沖縄経済の研究者たちのなかには「米軍基地の経済効果は、計り知れないものがある。沖縄にとって米軍基地をなくすということは、米軍関係者の消費支出を失うだけでなく、日本政府が支払っている軍用地借料の一千億円、九千人の基地従業員の給与六〇〇億円など、目に見えるお金のほかに、基地があること、米軍基地を受け入れてもらっていることへの対価として支払われる基地交付金、地域振興予算を失うことにもなる。その影響も考えると、基地経済からの脱却は容易ではない」（来間泰男《くりまやすお》・沖縄国際大学名誉教授）とのきびしい声もあります。しかし、その来間教授ですら「基地経済からの脱却は困難だが、だからといってあまりに多すぎる基地被害、墜落の危険を抱える軍用機の訓練のもとで、米兵犯罪の餌食《えじき》になりながら暮らせということは、とても言えない」と話します。

「経済的な視点から基地を語るべきではありません。人道的な見地から基地問題は語られるべきです」という来間教授の言葉を、重く受けとめたいと思います。

「対等な日米関係」の試金石

そして、人道的立場から沖縄、佐世保、長崎、岩国、富士、横須賀、横田、厚木、三沢など国内の米軍基地問題を考えるとき、占領政策の延長として米軍の既得権益を保障するために作られた日米安保条約、安保にもとづく米軍基地の維持・管理、円滑な運用を確保するために作られた日米行政協定＝地位協定という不平等条約の存在は、非常に重く重要な問題であることに気づきます。

本書でたくさんふれましたが、戦後七〇年近くの間に日米安保条約、日米地位協定のために命を落とし、命を奪われ、人間としての尊厳を失わされてきた日本人のあまりの多さに胸が痛みます。

日本と米国は、地球上でもっとも深い絆《きずな》で結ばれた友好国関係にあるといわれます。貿易の規模の大きさ、交流人口の多さ、文化的な影響も含めて、両国関係は今後も日米双方にとって「なくてはならない国」でありつづけると思います。

東京ディズニーランドやユニバーサル・スタジオ・ジャパン（ＵＳＪ）などに代表されるように、日本人は米国の文化をどの国よりも愛し、生活のすみずみまで「アメリカ」に染まってきました。でも、そのことと、米軍駐留問題や地位協定の問題はまったく別次元の問題です。横暴な行為や行き過ぎた行為があれば、たとえ嫌われようとも、毅然とした態度で立ち向かい、注意を喚起し、礼節を求めるのは国際社会では当たり前のことです。

日米地位協定にみられる免法特権や治外法権、米軍優位の権利関係は、日本の人気アニメ「ドラえもん」に出てくる「ジャイアンとスネオ君」の関係にたとえられます。大柄で喧嘩も強く、典型的なガキ大将のジャイアンにインテリ少年のようなスネオ君はべったりくっついています。アニメのなかで、スネオ君はジャイアンの言いなりといった感じです。主人公ののび太君をジャイアンがいじめても、黙ってみているだけ。それどころか、いじめに手を貸すようなシーンもたびたび見られます。

いじめっ子のそばにいれば、自分はいじめられない。いじめる側にいれば、自分は安心。そんな計算が働いているのかもしれません。ジャイアンの不条理な要求、横暴な態度、暴力の前で奴隷のようにひれ伏すスネオ君が、日米関係の日本にたとえられる。しかも、ほかならぬ日本人自身が、そんな自虐的な表現で日米関係を描いているのが、残念でなりません。独善的で横暴な態度や、傍若無人で乱暴な行為、暴力に対しては毅然と立ち向かう。是々非々で論じ合う、悪いことを悪いといえる、いやなことはいやだとはっきりいい合える。スネオ君には、そんな勇気をもってほしいと思います。はるか昔に、自分から売った喧嘩で負けたからといって、勝ったやつのずっと子分のまま、というのは主権国家として、経済大国として、民主国家として、はたしてどうでしょうか。

二〇〇九年の総選挙で民主党がかかげた「対等な日米関係の構築」というマニフェストは、戦後日本がなかなか達成することができない悲願、宿願ともいえます。二〇一二年末の総選挙で復権した自民党政権にとっても課題は同じです。その課題解決、実現の試金石となるのが、日米地位協定の改定であり、米国との単独安保体制の見直し、多国間安保体制の構築であると思います。戦後日本人が見失ってきた「自主独立」の気概が、いまこそ試され、求められています。

参考文献

『日米行政協定に伴う民事及び刑事特別法関係資料』（最高裁判所事務総局）1952年
『日米安保条約全書』渡辺洋三・吉岡吉典編（労働旬報社）1968年
『合衆国軍隊構成員等に対する刑事裁判権関係実務資料』（法務省刑事局）1972年
『日本外交史27　サンフランシスコ平和条約』西村熊雄著（鹿島研究所出版会）1983年
『マニラ発ニッポン物語』石山永一郎著（共同通信社）1996年
『こうして米軍基地は撤去された！　フィリピンの選択』松宮俊樹著（新日本出版社）1996年
『在日米軍地位協定』本間浩著（日本評論社）1996年
『吉田茂とサンフランシスコ講和（上下）』三浦陽一著（大月書店）1996年
『安保条約の成立』豊下楢彦著（岩波書店）1996年
『日米行政協定の政治史』明田川融著（法政大学出版会）1999年
『秘密のファイル〈上・下〉－ＣＩＡの対日工作』春名幹男（共同通信社）2000年
『沖縄返還とは何だったのか』我部政明著（ＮＨＫ出版）2000年
『さらば外務省！』天木直人編（講談社）2003年
『各国地位協定の適用に関する比較論考察』本間浩ほか著（内外出版）2003年
『「日米関係」とは何だったのか－占領期から冷戦終結後まで』マイケル・シャラー著（草思社）2004年
『外務省機密文書　日米地位協定の考え方・増補版』琉球新報社編（高文研）2004年
『検証[地位協定]日米不平等の源流』琉球新報社・地位協定取材班著（高文研）2004年
『もっと知りたい！　本当の沖縄』前泊博盛著　（岩波ブックレット）2008年
『沖縄基地問題の歴史』明田川融著（みすず書房）2008年
『村田良平回想録』村田良平（ミネルヴァ書房）2008年
『司法官僚』新藤宗幸著（岩波新書）2009年
『日米同盟の正体』孫崎享著（講談社新書）2009年
『日米密約　裁かれない米兵犯罪』布施祐仁著（岩波書店）2010年
『従属の同盟』赤旗政治部「安保・外交」班著（新日本出版社）2010年
『密約　日米地位協定と米兵犯罪』吉田敏浩著（毎日新聞社）2010年
『日米同盟v.s.中国・北朝鮮』リチャード・アーミテージ、ジョセフ・ナイ著（文藝春秋）2010年
『日米「密約」外交と人民のたたかい』新原昭治著（新日本出版社）2011年
『本土の人間は知らないが、沖縄の人はみんな知っていること』矢部宏治著（書籍情報社）2011年
『沖縄と米軍基地』前泊博盛著（角川書店）2011年
『原発訴訟』海渡雄一著（岩波新書）2011年
月刊「農業経営者」（農業技術通信社）2011年７月号
『犠牲のシステム　福島・沖縄』高橋哲哉著（集英社）2012年
『９条「解釈改憲」から密約まで　対米従属の正体』末浪靖司著（高文研）2012年
『戦後史の正体』孫崎享著（創元社）2012年

●編・著……………………………………………………………………

前泊博盛（まえどまり・ひろもり）

1960年生まれ。「琉球新報」論説委員長をへて、沖縄国際大学大学院教授。2004年、「地位協定取材班」として、JCJ（日本ジャーナリスト会議）大賞、石橋湛山記念・早稲田ジャーナリズム大賞などを受賞。著書に『沖縄と米軍基地』（角川書店）、『もっと知りたい! 本当の沖縄』（岩波書店）、『検証地位協定　日米不平等の源流』（共著、高文研）など。

●PART1 執筆担当……………………………………………………

明田川融（あけたがわ・とおる）

1963年生まれ。政治学博士。複数の大学で政治学を教える。著書に『日米行政協定の政治史　日米地位協定研究序説』（法政大学出版局）、『沖縄基地問題の歴史　非武の島、戦の島』、監訳書にジョン・W・ダワー『昭和――戦争と平和の日本』（以上、みすず書房）など。

石山永一郎（いしやま・えいいちろう）

1957年生まれ。共同通信編集委員。マニラ支局長、ワシントン特派員などを経て現職。2011年、米国務省日本部長発言報道で平和・協同ジャーナリスト基金賞受賞。著書に『彼らは戦場に行った　ルポ新・戦争と平和』『マニラ発ニッポン物語』（共同通信社）など。

矢部宏治（やべ・こうじ）

1960年生まれ。書籍情報社代表。創元社刊「〈知の再発見〉双書」「〈戦後再発見〉双書」「J.M.ロバーツ　世界の歴史（日本版）」編集長。著書に『本土の人間は知らないが、沖縄の人はみんな知っていること――沖縄・米軍基地観光ガイド』（書籍情報社）など。

「戦後再発見」双書❷

本当《ほんとう》は憲法《けんぽう》より大切《たいせつ》な
「日米《にちべい》地位《ちい》協定《きょうてい》入門《にゅうもん》」

2013年3月1日　第1版第1刷発行
2013年4月10日　第1版第3刷発行

編　著……………………………………………………
前泊博盛

PART1執筆……………………………………………
明田川　融
石山永一郎
矢部宏治

発行者…………………………………………………
矢部敬一

発行所…………………………………………………
株式会社 創元社
http://www.sogensha.co.jp/
本社　〒541-0047 大阪市中央区淡路町4-3-6
Tel.06-6231-9010　Fax.06-6233-3111
東京支店　〒162-0825 東京都新宿区神楽坂4-3 煉瓦塔ビル
Tel.03-3269-1051

企画・編集……………………………………………
書籍情報社

印刷所…………………………………………………
株式会社 太洋社

ISBN978-4-422-30052-8

「戦後再発見」双書

なぜここまで混迷がつづくのか。どうすれば日本は再生できるのか。
答はすべてここにある！

●既刊…………………………………………………………………………

戦後史の正体 1945-2012

孫崎《まごさき》 享《うける》 著

日本の戦後史は、アメリカからの圧力を前提に考察しなければ、その本質が見えてこない。元外務省・国際情報局長という日本のインテリジェンス（諜報）部門のトップをつとめ、「日本の外務省が生んだ唯一の国家戦略家」と呼ばれる著者が、これまでのタブーを破り、日米関係と戦後70年の真実について語る。

●続刊…………………………………………………………………………

「安保国体」の誕生——昭和天皇・マッカーサー・ダレス

豊下楢彦《とよしたならひこ》 著

敗戦から占領終結までに行なわれた11回の「昭和天皇・マッカーサー会談」と、ダレスとの「天皇外交」は、戦後日本のかたちを決定した。そして三者の際だった個性が交錯するなか、「米軍によって天皇制を守る」という「安保国体」が新たな国家権力構造として誕生する。戦後日本のスタート時に生まれた「大きなねじれ」の本質を解明する。

高校生のための「日本国憲法入門」（仮）

古関彰一《こせきしょういち》 著

いかなる時代にも、論理は事実にもとづいて展開されたものでなければ意味がない。「平和国家」という日本国憲法の理念を実現するために、われわれはどのように考え、行動すればよいのか。日本国憲法の制定史研究の第一人者である著者が、改憲派、護憲派の双方に存在する「事実にもとづかない神話」を検証し、未来に向けた憲法論議のための知的前提を提供する。